职业教育改革发展示范学校建设成果系列教材

电 工 实 训

主　编　李振玉　赵福强

副主编　孙守霞　于端峰　侯瑞英

U0316434

中国铁道出版社有限公司
CHINA RAILWAY PUBLISHING HOUSE CO., LTD.

内 容 简 介

本书根据教育主管部门的文件精神,依据新的专业教学标准和教学大纲,参照新的国家职业技能标准,结合双元制办学及职教师资培训经验,在对企业人才需求情况调查的基础上,由校企双方联合编写。

本书共分五个模块:安全用电,常用电工仪表的使用,常用导线连接、安装与检修电气照明电路,安装与检修电力拖动控制线路,安装与调试电子电路。

本书定位准确,设计理念先进,体现"六新"(新标准、新思路、新知识、新技术、新工艺、新器材)编写原则,具有实用性、灵活性。

本书适合作为中等职业学校机电类专业及其他相关专业的教材,也可作为电工(初、中级)技能考试参考用书。

图书在版编目(CIP)数据

电工实训/李振玉,赵福强主编. —2 版. —北京:中国铁道
出版社有限公司,2020.8
职业教育改革发展示范学校建设成果系列教材
ISBN 978 - 7 - 113 - 26890 - 9

Ⅰ.①电… Ⅱ.①李… ②赵… Ⅲ.①电工技术-职业教育-
教材 Ⅳ.①TM

中国版本图书馆 CIP 数据核字(2020)第 083815 号

书　　名:电工实训
作　　者:李振玉　赵福强

策　　划:陈　文　　　　　　　编辑部电话:(010)83529867
责任编辑:陈　文　包　宁
封面设计:刘　颖
责任校对:张玉华
责任印制:樊启鹏

出版发行:中国铁道出版社有限公司(100054,北京市西城区右安门西街 8 号)
网　　址:http://www.tdpress.com/51eds/
印　　刷:三河市宏盛印务有限公司
版　　次:2013 年 10 月第 1 版　2020 年 8 月第 2 版　2020 年 8 月第 1 次印刷
开　　本:787 mm×1 092 mm　1/16　印张:10.75　字数:249 千
书　　号:ISBN 978 - 7 - 113 - 26890 - 9
定　　价:32.00 元

　　本书根据《教育部关于制定中等职业学校教学计划的原则意见》（教职成〔2009〕2 号）的精神，依据教育部 2014 年颁发的《中等职业学校机电技术应用专业教学标准》要求及 2009 年颁发的《中等职业学校电工技术基础与技能教学大纲》和《中等职业学校电工电子技术与技能教学大纲》中实训项目的教学要求与建议，参照国家职业技能标准《维修电工》（2009 年修订）和国家职业技能标准《电工》（2018 年版）（初级、中级）的技能要求及相关知识，对李振玉、杨九波编写的《电工实训》第一版进行修订，作为《电工实训》第二版。

　　通过本书的学习，学生能够具备安全用电和规范操作常识；会使用常用电工工具与仪器仪表；会判断三相异步电动机定子绕组的首尾端；能正确使用和检测电气元件；能正确识读电路原理图和接线图；能安装、调试和检修电气线路和电子电路，使学生达到电工中级技能水平。强化安全生产、节能环保和产品质量等职业意识，养成良好的工作方法、工作作风和职业道德，强化学生实践能力和职业技能，提高综合素质和综合职业能力，为学生的就业、创业和可持续发展奠定基础。

一、本书具有的特点

1. 定位准确

　　本书根据教育主管部门的文件精神，依据新的专业教学标准和教学大纲，参照新的国家职业技能标准，结合我校双元制办学及职教师资培训的经验，在对企业人才需求情况调查的基础上由校企双方联合编写。

2. 设计理念先进

　　本书以提升学生综合素质为出发点，以培养学生综合职业能力为主线，以社会生活和企业设备的安装、调试、操作和维修等职业岗位技能需求为依据，将职业资格考核内容与实训项目相结合。内容安排符合学生认知规律，突出"教、学、做"合一，强化理实一体。

3. 体现"六新"编写原则

　　新标准。本书中所用的图形符号采用新国家标准 GB/T 4728.7—2008（2008-05-28 发布，2009-01-01 实施，代替 GB/T 4728.7—2000）。

　　新思路。实施行动导向教学，教学过程基于工作过程：

　　（1）做什么事（承担项目、任务）——实训课题。

　　（2）目的是什么——课题目标（知识目标、技能目标）。

　　（3）准备哪些知识——相关知识（学生预习、教师讲解和启发引导学生了解、理解和掌握相关知识）。

　　（4）准备哪些材料——工具、仪表及器材。

　　（5）如何做这件事——实训内容与步骤（教师示范、启发引导让学生去完成）。

　　（6）做这件事注意什么——注意事项（教师提示，学生注意）。

　　（7）出现问题怎么办——故障及处理记录（教师启发引导、学生排除故障）。

(8)这件事做得怎么样——评价(从知识、技能、能力和素质方面进行自评、互评、教师评)。

(9)做完这件事还需学什么——知识与技能拓展(新器材、新知识介绍;社会调查;查阅整理资料等)。

在本书的调研、策划、编写过程中得到了企业技术人员针对性的指导,将企业实际工作中用到的新知识、新技术、新工艺、新器材引入本书之中。

4. 具有实用性、灵活性

本书采用模块化结构,不同教学条件和教学要求的中等职业学校可选用相应的实训模块及实训课题。

本书整合了电工技术、电子技术、电力拖动控制线路的核心技能,是后续学习"机电设备安装与调试""电气自动化控制"等专业技能课程的基础。

二、教学内容及课时(参考)分配

教学模块 (课时分配)	教学内容(课时分配)
安全用电(4)	课题一 电工实训车间安全操作规程(1) 课题二 安全用电常识(3)
常用电工仪表的使用(4)	实训课题一 万用表的使用(2) 实训课题二 兆欧表、直流电桥、钳形电流表的使用(2)
常用导线连接、安装与检修电气照明电路(14)	实训课题三 常用导线连接(6) 实训课题四 安装与检修荧光灯电路(2) 实训课题五 安装与检修低压配电箱(6)
安装与检修电力拖动控制线路(76)	实训课题六 判别三相异步电动机定子绕组首尾端(2) 实训课题七 拆装与检测常用低压电器(6) 实训课题八 安装与检修具有过载保护的自锁控制线路(6) 实训课题九 安装与检修接触器联锁正反转控制线路(6) 实训课题十 安装与检修双重联锁正反转控制线路(6) 实训课题十一 安装与检修时间继电器自动控制丫-△降压启动控制线路(8) 实训课题十二 安装与检修 QX3-13 型丫-△自动启动器控制线路(6) 实训课题十三 安装与检修具有信号灯指示电路的时间继电器自动控制丫-△降压启动控制线路(12) 实训课题十四 安装与检修双速异步电动机控制线路(12) 实训课题十五 安装与检修单向启动反接制动控制线路(6) 实训课题十六 检修 CA6140 车床电气控制线路(6)
安装与调试电子电路(24)	实训课题十七 安装与调试万用表(12) 实训课题十八 安装与调试串联型晶体管稳压电源(12)

本书由李振玉、赵福强任主编,孙守霞、于端峰、侯瑞英任副主编,参与编写的还有杨九波、谭涛、王节云、刘玉、赵岩、曲秀霞、李卫红、于照泰(青岛飞华齿轮制造有限公司总工程师)、李岩(青岛飞华齿轮制造有限公司高级电气工程师)。全书由苏宏伟主审。本书在编写过程中参考了大量的文献资料(详见本书后的"参考文献")。许多骨干教师对本书的编写思路及内容安排提出了许多宝贵的意见,并得到了企业领导及技术人员的大力支持,在此一并表示衷心感谢!

由于时间仓促,编者水平有限,书中不足之处在所难免,敬请广大读者批评指正。

编　者
2020 年 3 月

目 录

安全用电

知识目标

（1）了解电工实训车间安全操作规程、安全电压、人体触电类型及常见原因。

（2）掌握预防触电的保护措施。

（3）了解保护接地的原理。

（4）掌握保护接零的方法并了解其应用。

（5）掌握电气火灾的防范及扑救常识。

技能目标

（1）懂得遵守安全操作规程的重要性。

（2）会应用安全用电常识及触电预防措施。

（3）会保护人身与设备安全，防止发生触电事故。

（4）初步掌握触电现场的处理措施与处理方法。

(1)学生进入实训车间前,要准备好课本、笔记本、直尺等学习用具,穿好工作服,在实训车间门前站队,经教师(或师傅)检查合格后方能进入实训车间。特别注意不能把有安全隐患的物品带入实训车间内。

(2)学生进入实训车间后,要服从教师安排,认真听教师讲课,按照教师要求进行实训。

(3)实训前检查实训设备是否齐备完好,发现损坏或其他故障应停止使用,并立即报告相关教师。

(4)实训时,精神要高度集中,不准做任何与实训无关的事,严禁擅自动用总闸和其他用电设备。

(5)接通电源时,应先闭合隔离开关,再闭合负荷开关;断开电源时,应先断开负荷开关,再断开隔离开关。接、拆线都必须切断电源后方可进行。

(6)电气设备不准在运转中拆卸修理,必须在停车后切断电源,并挂上警示牌,验明无电后方可进行操作,电气设备安装检修后,须经检验合格后方可使用。

(7)需要切断故障区域电源时,要尽量缩小停电范围。有分路开关的,应切断故障区域的分路开关,尽量避免越级切断电源。

(8)检修弱电设备时(如硅整流或其他电子设备),当情况不明或未采取有效措施之前,禁止用兆欧表检查其绝缘情况。

(9)电气设备检修完工后,必须认真仔细清点工具和零件,防止遗留在设备内,造成短路漏电事故。

(10)需带电工作时,先将邻近各带电体用绝缘物隔离后,穿好防护用品,使用有绝缘柄的工具,站在绝缘物上,并在教师监护下,方可带电工作。

(11)电气设备金属外壳或金属构架必须安全接地(或接零)。

(12)电气设备拆除后,线头必须及时用绝缘带包扎好。高压电气设备拆除后,线头必须短路接地。

(13)电气设备周围不准堆放易燃、易爆、潮湿物品。

(14)高空作业,要系好安全带,使用梯子时,梯子要有防滑措施,并有人保护。

(15)电气设备发生火灾,未切断电源,严禁用水和泡沫灭火剂灭火,应使用不导电的灭火剂灭火,如1211灭火器、四氯化碳灭火器、二氧化碳灭火器等。

(16)设备使用后,应做好设备清洁和日常维护工作。

(17)要保持工作环境的清洁,定期清理工作场所,检查门窗是否关好,相关设备和照明电源是否切断,经教师同意后方可离开。

课题 二
安全用电常识

生活和生产都离不开电,但如果不了解安全用电常识,很容易造成人身触电、损坏电气设备,甚至危及供电系统安全运行,导致停电或引起电火灾等事故,给人们的生命或财产带来不必要的损失,因此了解安全用电常识是非常有必要的。

一、人体触电类型

常见的人体触电类型分为三种:单相触电、两相触电、跨步电压触电。

1. 单相触电

单相触电是指人体某一部位触及一相带电体,电流通过人体流入大地造成触电,如图0-1所示。此时人体承受的电压是电源的相电压,在低压供电系统中是220 V。触电事故中大部分属于单相触电。

2. 两相触电

两相触电是人体的两个部位分别同时触及两相带电体,电流经人体从一相流入另一相造成触电,如图0-2所示。此时加在人体触电部位两端的电压是电源的线电压,在低压供电系统中是380 V。危险性比单相触电更大。

图 0-1　单相触电

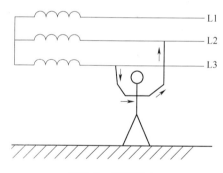

图 0-2　两相触电

3. 跨步电压触电

在高压电网接地点或防雷接地点及高压线断落或绝缘损坏处,有电流流入地下时,强大的电流在接地点周围的土壤中产生电压降。因此,当人走到接地点附近时,两脚因站在不同的电位点上而产生电位差,电流从接触高电位的脚流进,从接触低电位的脚流出,这就是跨步电压触电,如图0-3所示。已受到跨步电压威胁者,应采取单脚或双脚并拢方式迅速跳出危险区域。

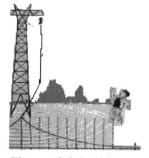

图 0-3　跨步电压触电

二、人体触电的常见原因

造成人体触电的原因是多方面的,归纳起来,主要有两方面:一方面是电气设备本身问题;另一方面是人的安全用电问题。

1. 电气设备本身问题

(1)导线绝缘层损坏;导线与电器连接时露芯线过长;插头、插座接线错误;导线类型及规格选择不合理;室内布线不符合安全要求;室外架空导线对地、对建筑物的距离以及导线之间的距离小于安全距离;电气设备拆除后,线头没及时用绝缘带包扎好。

(2)电气设备及安装不符合安全要求。

2. 安全用电问题

(1)私拉乱接电线。

(2)不按正确的方法使用电器,用湿布擦电器。

(3)带电操作不采取有力的保护措施,没有严格遵守电工安全操作规程或粗心大意。

(4)电气设备老化,有缺陷或破损严重,维修、维护不及时。

(5)维修线路时电源开关不挂警示牌,盲目修理不熟悉电路的电器。

(6)救护触电者时,自己不采取切实的保护措施。

三、预防人体触电的措施

1. 绝缘

绝缘是指用绝缘材料把带电体隔离起来,实现带电体之间、带电体与其他物体之间的电气隔离,使设备能长期安全、正常地工作,同时可以防止人体触及带电部分,避免发生触电事故。良好的绝缘是电气设备和线路正常运行的必要条件,也是防止触电事故的重要措施。胶木、塑料、橡胶、云母及矿物油等都是常用的绝缘材料。

2. 屏护

屏护包括屏蔽和障碍,是指能防止人体有意、无意触及或过分接近带电体的遮栏、护罩、护盖、箱匣等装置,是将带电部位与外界隔离,防止人体误入带电间隔的简单、有效的安全装置。例如:开关盒、母线护网、高压设备的围栏、变配电设备的遮栏等。

金属屏护装置必须接零或接地。屏护的高度、最小安全距离、网眼直径和栅栏间距应满足防护屏安全要求。

3. 安全距离

人与带电体、带电体与带电体、带电体与地面(水面)、带电体与其他设施之间需保持的最小距离称为安全距离(又称安全间距)。安全距离应保证在各种可能的最大工作电压或过电压的作用下,不发生放电,还应保证工作人员对电气设备巡视、操作、维护和检修时的绝对安全。各类安全距离在国家颁布的有关规程中均有说明。当实际距离大于安全距离时,人体及设备才安全。安全距离既用于防止人体触及或过分接近带电体而发生触电,也用于防止车辆等物体碰撞或过分接近带电体以及带电体之间发生放电和短路而引起火灾和电气事故。

4. 保护接地和保护接零

保护接地和保护接零是防止触电事故的主要措施。

（1）保护接地。将电气设备的金属外壳通过接地装置与大地可靠地连接起来,这就是保护接地,如图0-4所示。

如果电动机没有保护接地,当它的外壳带电时,人体接触外壳,电流就会经人体流入大地而使人体触电,如图0-5所示。

如果电动机有保护接地(见图0-6所示),当人体接触带电外壳时,金属外壳与大地之间将形成两条并联通路,保护接地电阻很小(接地电阻不得大于4 Ω),而人体电阻一般在800 Ω以上。人体所通过的电流就大大小于通过保护接地线的电流,这时人体就没有触电危险。

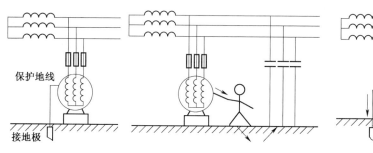

图0-4　保护接地　　　　　图0-5　触电电流大　　　　　图0-6　触电电流很小

（2）保护接零。保护接零又称保护接中性线,在三相四线制系统中,电源中性线是接地的,将电气设备的金属外壳用导线与电源零线(即中性线)直接连接,称为保护接零。保护接零应用在电源中性线接地的三相四线制低压供电系统中,如图0-7所示。

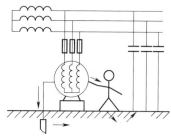

图0-7　保护接零

对三相四线制,如果不采用保护接零,设备外壳漏电时,人体触及外壳便造成单相触电事故,如图0-8所示。如果采用保护接零,当设备漏电时,将变成单相短路,造成熔断器熔断或者开关跳闸,切除电源,就消除了人的触电危险,既保护了人体安全又保护了设备的安全。因此采用保护接零是防止人体触电的有效手段,如图0-9所示。

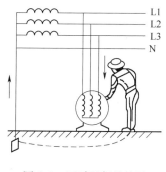

图0-8　不采用保护接零

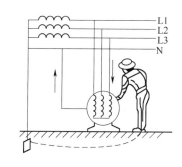

图0-9　采用保护接零

5. 自动断电

在电路中安装自动保护装置(如漏电保护、过电流保护、短路或过载保护、欠电压保护等),如果设备或线路发生异常,自动保护装置会自动切断电路而起保护作用。

6. 安全电压

把可能加在人体上的电压限制在某一范围之内,使得在这种电压下,通过人体的电流不超过允许的范围。这种电压称为安全电压。我国规定安全电压额定值的等级为 42 V、36 V、24 V、12 V、6 V。一般 42 V 用于手持电动工具;36 V、24 V 用于一般场所的安全照明;12 V 用于特别潮湿的场所和金属容器内的照明灯和手提灯;6 V 用于水下照明。

当电气设备采用的电压超过安全电压时,必须按规定采取防止直接接触带电体的保护措施。但应注意,任何情况下都不能把安全电压理解为绝对没有危险的电压。

7. 提高安全用电意识

对一般人员应懂得安全用电的一般知识;对使用电气设备的专职人员除掌握一般电气安全知识外,还要掌握有关的安全操作规程;对独立工作的电气工作人员,应该熟练掌握电气设备在安装、使用、维护、检修过程中的安全操作规程。

四、触电现场的处理

发生触电事故,对触电者必须迅速急救,触电急救的第一步是使触电者迅速脱离电源,第二步是现场救护。

(一)使触电者脱离电源

1. 脱离低压电源的方法

脱离低压电源的方法可用"拉""切""挑""拽"和"垫"五字来概括:

"拉":指就近拉开电源开关或拔出插头。但应注意,控制灯的拉线开关或墙壁开关是单极的,有的开关错接在中性线上,这时虽然开关断开,人身触及的导线仍然带电,不能认为已切断电源,通过观察现场情况,再决定是否用其他方法切断电源。

"切":当电源开关或插座离触电现场较远或不能断开电源开关时,可用带有绝缘手柄的电工钳或有干燥木柄的斧头、铁锹、菜刀等利器将电源线切断。切断时应防止带电导线断落触及周围的人。

"挑":如果导线搭落在触电者身上或压在身下,这时可用干燥的木棒、竹竿等挑开导线或用干燥的绝缘绳套拉导线或触电者,使之脱离电源。

"拽":救护人可戴上手套或在手上包缠干燥的衣服等绝缘物品拖拽触电者,使之脱离电源。如果触电者的衣裤是干燥的,又没有紧缠在身上,救护人可直接用一只手抓住触电者不贴身的衣裤,将触电者拉脱电源。但要注意拖拽时切勿触及触电者的皮肤。救护人亦可站在干燥的木板、木桌椅或橡胶垫等绝缘物品上,用一只手把触电者拉开,使之脱离电源。

"垫":如果触电者由于痉挛手指紧握导线或导线缠绕在身上,救护人可先用干燥的木板塞进触电者身下,使其与地绝缘,然后再采取其他办法切断电源。

2. 脱离高压电源的方法

由于线路的电压高,一般绝缘物品不能保证救护人的安全,而且高压电源开关一般距离现场较远,不便拉闸。因此,使触电者脱离高压电源的方法与脱离低压电源的方法有所不同。常用的方法如下:

(1)立即电话通知有关供电部门拉闸停电。

（2）如电源开关离触电现场不太远，则可戴上绝缘手套，穿上绝缘靴，用绝缘工具拉开高压断路器或高压跌落保险以切断电源。

（3）往架空线路抛挂裸金属软导线，让线路短路，迫使该线路保护装置动作，切断电源。抛挂前，将短路线的一端先固定在铁塔或接地引线上，另一端系重物。抛掷短路线时，应注意防止电弧伤人或断线触电事故发生，也要防止重物砸伤人。

3. 在使触电者脱离电源时应注意的事项

（1）未采取绝缘措施前，救护人不得直接触及触电者的皮肤和潮湿的衣服。

（2）在拉拽触电者脱离电源的过程中，救护人用单手操作，以防止救护人触电。

（3）当触电者位于高处时，应预防触电者在脱离电源后可能出现的坠地摔伤或摔死事故。

（4）夜间发生触电事故时，应解决切断电源后的临时照明问题，以方便顺利救护。

（二）现场救护

触电者脱离电源后，应立即就地进行抢救，同时拨打120急救电话，并做好将触电者送往医院的准备工作。

1. 触电者未失去知觉的救护

如果触电者神志清醒，只是出现头晕、出冷汗、恶心、全身乏力等现象，但未失去知觉，应让触电者在通风暖和处静卧休息，同时请医生前来或送往医院。

2. 触电者已失去知觉的抢救

如果触电者已失去知觉，但呼吸和心跳正常，应使其舒适地平卧着，解开衣服以利于呼吸，保持空气流通（天冷时还要注意保暖），同时立即请医生前来或送往医院。

3. 触电者"假死"的急救

如果触电者呈现"假死"（电休克）现象，救护人通过"看"（观察触电者的胸部、腹部有无起伏动作，眼珠瞳孔是否扩散）"听"（用耳贴近触电者的口鼻处，听他有无呼气声音）"试"（先用手测试口鼻有无呼吸的气流，再用两手指轻压一侧喉结旁凹陷处的颈动脉测试是否有搏动）现场诊断，以决定采用不同的急救方法，如图0-10所示。

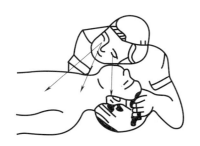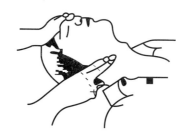

图0-10　判定"假死"的看、听、试

1）口对口人工呼吸急救

当触电者呼吸停止，但心脏跳动，应采用口对口人工呼吸急救法。

（1）通畅气道：

①使触电者仰面躺在平硬的地方，迅速解开其领扣、紧身衣和裤带。如发现触电者口内有食物、假牙等异物，可将其身体及头部同时侧转，迅速用一个手指或两个手指交叉从口角处插入，从

中取出异物(应注意防止将异物推到咽喉深处)。

　　②救护人用一只手放在触电者前额,另一只手的手指将其颏颌骨向上抬起,使其头部后仰,气道就可畅通,如图0-11所示。气道畅通示意图如图0-12所示。

图0-11　仰头抬颌

图0-12　气道畅通示意图

　　(2)口对口人工呼吸。救护人跪在触电者的左侧或右侧;用放在触电者额上的手指捏住其鼻翼,另一只手的食指和中指轻轻托住其下巴;救护人深吸气后,与触电者口紧对口吹气,如图0-13所示。吹气频率是12~16次/min(对其口吹气使之吸气约2 s,放松鼻孔使之呼气约3 s)。吹气量不要过大,以免引起胃膨胀,如触电者是儿童,吹气量应小些,吹气频率是18~24次/min,不必捏鼻孔,让其自然漏气。救护人换气时,应将触电者的鼻和口放松。吹气和放松时要注意观察触电者胸部有无起伏的呼吸动作。

　　如果触电者牙关紧闭,可改为口对鼻人工呼吸。吹气时要将触电者嘴唇紧闭,防止漏气。

　　2)胸外按压急救

　　当触电者有呼吸,但心脏不跳动时,应采用胸外按压急救法。

　　(1)正确的按压位置:

　　①右手的食指和中指沿触电者的右侧肋弓下缘向上,找到肋骨和胸骨接合处的中点。

　　②右手两手指并齐,中指放在剑突底部,食指平放在胸骨下部,另一只手的掌根紧挨食指上缘置于胸骨上,掌根处即为正确按压位置,如图0-14所示。

图0-13　口对口人工呼吸

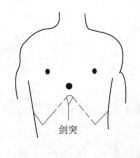
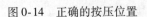

剑突

图0-14　正确的按压位置

　　(2)正确的按压姿势:

　　①使触电者仰面躺在平硬的地方并解开其衣服,仰卧姿势与口对口人工呼吸法相同。

　　②救护人跪在触电者肩旁一侧,两肩位于触电者胸骨正上方,两臂伸直,肘关节固定不屈,两手掌相叠,手指翘起(不接触触电者胸壁)。按压姿势如图0-15所示。

③以髋关节为支点,利用上身的重力,垂直将胸骨压陷 3~4 cm(对儿童和瘦弱者压陷要浅一些)。

④压至要求深度后,立即全部放松(但救护人的掌根不能离开触电者的胸壁)。

(3)恰当的按压频率。胸外按压要以均匀速度进行,按压频率约为 60 次/min,每次按压和放松的时间相同。

3)人工呼吸和胸外按压急救

当触电者呼吸和心脏都停止时,应采用人工呼吸和胸外按压急救法。

单人急救时,先口对口吹气 2 次(约 3 s),再做胸外按压 15 次(约 10 s),以后交替进行;双人急救时,吹气 1 次(约 2 s),再做胸外按压 5 次(约 4 s),以后交替进行。

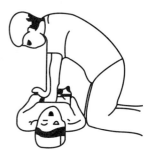

图 0-15　正确的按压姿势

按压吹气约 1 min 后,用"看、听、试"方法在 5~7 s 内完成对触电者是否恢复呼吸和心跳的再判定。若判定触电者已有颈动脉搏动,但仍无呼吸,则可暂停胸外按压,进行口对口人工呼吸。如果脉搏和呼吸仍未恢复,则继续坚持急救。每隔数分钟用"看、听、试"方法再判定一次触电者的呼吸和心跳情况,每次判定时间不得超过 5~7 s。

4. 注意事项

(1)移动触电者或将其送往医院,应使用担架并在其背部垫以木板,不可让触电者身体蜷曲着进行搬运。移送途中应继续抢救。

(2)在现场抢救中,不能打强心针,也不能泼冷水。

(3)在医务人员未接替救治前不可中断抢救,只有医生有权做出触电者死亡的诊断。

五、电气火灾的防范及扑救常识

1. 引起电气火灾的原因

引起电气发生火灾的常见原因是:线路漏电、短路、过载、接触不良等引起线路过热;电热器(如电热毯、电熨斗、电暖器、电炉等)使用不当引燃了周围物质;电气设备绝缘层损坏引起短路造成高温;电气设备运行时产生电火花、电弧及静电引燃或引爆周围物质;电气设备及安装不符合防火要求。

2. 电气火灾的防范常识

(1)在线路中一定要安装漏电、短路、过载等保护装置。

(2)导线连接牢固可靠、接头电阻小、机械强度高、耐腐蚀、耐氧化、电气绝缘性能好。

(3)正确使用电热器,养成人走电源断的习惯。

(4)加强对电气设备的运行管理,定期检修、试验,防止绝缘层损坏引起短路。

(5)在电气设备周围不要堆放易燃、易爆物质,并采取消除静电措施。

(6)按照标准安装电气设备,严格保证安装质量。

(7)在正常运行中需要散热的电气设备,必须采取通风散热措施。

3. 电气火灾的扑救常识

对电气火灾除了做好防范工作外,还应做好灭火的准备工作,一旦发生火灾时,能够及时有效

地扑灭火灾。电气火灾的扑救方法及注意事项如下:

(1)在发生电气火灾时,首先切断电源(如拉开电源开关、拔出电源插头等),然后立即救火和报警(迅速拨打119火警电话)。在切断电源时,应注意安全操作,防止触电和短路事故发生。

(2)如果确实无法断电灭火,为争取时间及时控制火势,就需要在保证灭火人员安全的前提下进行带电灭火。带电灭火应注意:

①不能直接使用导电的灭火剂(如水、泡沫灭火器等)进行灭火,应使用不导电的灭火剂(如二氧化碳灭火器、四氯化碳灭火器、1211灭火器、干粉灭火器等)灭火。灭火器的筒体、喷嘴及人体都要与带电体保持一定距离,灭火人员应穿绝缘靴,戴绝缘手套,有条件时还要穿绝缘服等,防止灭火人员发生触电事故。

②对电气设备中的油发生燃烧,则应使用干砂灭火。但应注意对旋转的电机不能使用干砂和干粉灭火。

常用电工仪表的使用

知识目标

（1）熟悉 MF47 型指针式万用表、兆欧表、直流电桥、钳形电流表的外形结构。

（2）掌握使用万用表测量电阻、直流电压、交流电压、直流电流的方法。

（3）掌握兆欧表、直流电桥、钳形电流表的使用方法。

技能目标

（1）能正确使用万用表测量电阻、直流电压、交流电压、直流电流。

（2）能正确使用兆欧表测量电气设备绝缘电阻。

（3）能正确使用直流电桥测量低阻值电阻。

（4）能正确使用钳形电流表测量线路电流。

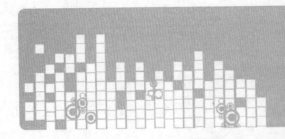

实训课题 一

万用表的使用

一、课题目标

知识目标

(1)熟悉 MF47 型指针式万用表的外形结构。

(2)掌握使用万用表测量电阻、直流电压、交流电压、直流电流的方法。

技能目标

能正确使用万用表测量电阻、直流电压、交流电压、直流电流。

二、相关知识

(1)万用表可分为指针式万用表和数字式万用表两种,如图 1-1 所示。现在常用的指针式万用表主要是 MF47 型。本实训课题以 MF47 型万用表为例介绍万用表的外形结构、组成、使用方法及注意事项。

指针式万用表 数字式万用表

图 1-1 两种万用表

(2)MF47 型万用表的外形结构如图 1-2 所示。

万用表主要由表头、测量线路、转换开关(又称测量选择开关)三部分组成。表头上的表盘印有多种符号、刻度线(又称标度尺)和数值,如图 1-3 所示。符号" ≃ "表示交流和直流共用的刻度线," - "表示直流," ~ "表示交流。电压、电流刻度线下的三行数字是与选择开关的不同挡位相对应的刻度值,便于读数。测量时,应根据测量项目和量程,在相应的刻度线上读取数据。通过旋转转换开关,选择不同的测量项目和不同的量程(或倍率),MF47 型万用表转换开关如图 1-4 所示。

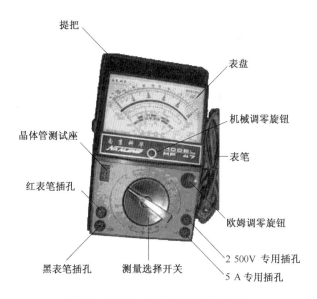

图 1-2　MF47 型万用表的外形结构

图 1-3　MF47 型万用表表盘

(3)使用万用表时,应注意以下几点:

①测量前,观察表头指针是否处于电压、电流刻度线的零点,若不在零点,则应调整机械调零旋钮,使指针指零。

②测量前,要根据测量的项目和大小,把转换开关旋转到合适的位置。电压、电流量程的选择,应尽量使表头指针偏转到刻度线满刻度偏转的 2/3 左右。如果事先无法估计被测量的大小,可先选择最大量程挡,根据指针偏转再选择合适的挡位。

③测量时,要根据选好的测量项目和量程(或倍率)挡,明确应在哪一条刻度线上读数,读数时眼睛应

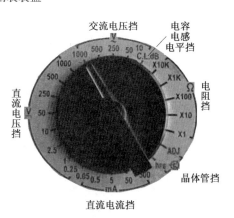

图 1-4　MF47 型万用表转换开关

模块二　常用电工仪表的使用

位于指针正上方,读数要准确,并及时做好记录。

④每当拿起表笔准备测量时,一定要再核对一下测量项目、量程(或倍率)挡是否正确。

⑤测量结束,应将转换开关旋转到最高交流电压挡上。

⑥长期不用的万用表,应将表内电池取出,以防电池漏液腐蚀表内元件。

(4)用万用表测量电阻、电压、直流电流的方法和注意事项:

①测量电阻:

a. 测电阻时直接将表笔跨接在被测电阻或电路的两端。严禁在被测电路带电的情况下测量电阻。

b. 测量前或每次更换倍率挡时,都需调整欧姆零点,即将两表笔对接短路,旋转欧姆调零旋钮,使表头指针准确指在欧姆刻度线的零点上。如果表头指针不能指在欧姆刻度线的零点上,说明表内电池电压太低,应该更换电池。

c. 测量电阻时,选择合适的倍率挡,使表指针尽可能接近电阻刻度线的中心区域。由于电阻刻度线的刻度是不均匀的,越往左端电阻刻度线越密,读数误差就越大,故应尽量避免选择使指针指在刻度线左端的倍率挡。

d. 测量中不允许用手同时触及被测电阻两端。

②测量直流电压:

a. 测量前,将转换开关旋转到对应的直流电压挡上。

b. 测量时,将万用表并联在被测电路或元器件两端,将红表笔接被测电路或元件的高电位端,黑表笔接被测电路或元件的低电位端。

c. 测量直流电压时,严禁在测量中旋转转换开关选择量程。

d. 测量直流电压时,要养成单手操作习惯。

③测量交流电压:

a. 测量前,将转换开关旋转到对应的交流电压挡上。

b. 测量时,将万用表并联在被测电路或元件两端。

c. 测量交流电压时,严禁在测量中旋转转换开关选择量程。

d. 测量交流电压时,要养成单手操作习惯。

④测量直流电流:

a. 测量前,将转换开关旋转到对应的直流电流挡上。

b. 测量前必须先断开电路电源,把万用表串联到被测电路中,将红表笔接电路高电位端,黑表笔接低电位端。

c. 严禁在测量中旋转转换开关选择量程。

三、工具、仪表及器材

(1)工具:螺钉旋具、尖嘴钳、剥线钳、斜口钳等。

(2)仪表:万用表。

(3)器材:直流电源(2~24 V);交流电源(2~24 V);220 V、40 W白炽灯泡一只;座灯口一个;单相插头一个;小功率电阻五只;电阻箱一个;导线若干等。

四、实训内容与步骤

（1）根据图1-5中的万用表指针位置读取数值，把数值填入表1-1中。

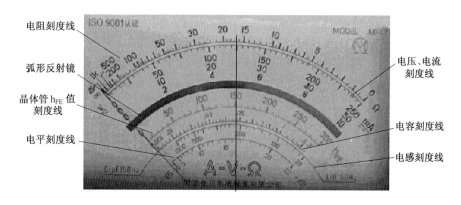

图 1-5　万用表指针位置

表 1-1　万用表的读数

测量项目和量程（或倍率）	50 V	0.5 mA	250 V	R×10	R×1 k
读取数值					

（2）测量电阻：

①把万用表转换开关旋转到电阻挡上，选择适当的倍率挡。

②倍率挡选定后，测量前将两个表笔对接短路，旋转欧姆调零旋钮，使表头指针准确指在欧姆刻度线的零点上。

③将两个表笔分别与电阻两端相接，读出电阻数值，记于表1-2中。

表 1-2　电阻的测量

电阻标称值/Ω				
电阻测量值/Ω				

④把座灯口与单相插头用两根导线连接好，将白炽灯泡旋进座灯口，测量灯丝通电前的冷态电阻值。

⑤把单相插头插入220 V交流电源插座内，通电一会儿后，拔出单相插头，测量灯丝通电后的热态电阻值。

⑥分析灯丝冷态电阻值与热态电阻值不同的原因。

（3）测量直流电压：

①把万用表转换开关旋转到直流电压挡上。

②根据直流电压的大小，选择适当的量程。

③将红、黑表笔分别与被测电压正、负极相接，读出电压数值，并记于表1-3中。

表 1-3 直流电压的测量

电压值/V	2	6	12	18	22	24
测量值/V						

（4）测量交流电压：

①把万用表转换开关旋转到交流电压挡上。

②根据交流电压的大小，选择适当的量程。

③将万用表与被测元件相并联，读出电压数值，并记于表 1-4 中。

表 1-4 交流电压的测量

电压值/V	2	6	12	18	22	24
测量值/V						

（5）测量直流电流：

①把直流电源、电阻箱、导线、万用表连接成一个电路。注意：电源开关必须断开。

②把万用表转换开关旋转到直流电流挡上，选择适当的量程，接通电源。

③测量电流，将读数记于表 1-5 中。注意：在改变电阻值之前，先断开电源开关。

表 1-5 直流电流的测量

U/V	6	6	6	6	6
R/Ω	40	400	300	3 000	4 000
计算值 I/mA					
测量值 I/mA					

五、注意事项

（1）在教师的讲解、示范和指导下，学生进行正确测量。

（2）正确使用万用表。

（3）安全、文明操作。

六、故障及处理记录

把故障及处理方法填入表 1-6 中。

表 1-6 故障及处理方法

故 障 现 象	原 因	处 理 方 法

七、评价

将实训评分结果填入表 1-7 中。

表 1-7　评价表

项目内容	配分	评　分　标　准	自评分	互评分	教师评分
电源、电阻箱使用	20	(1)使用不正确，扣 5～10 分； (2)损坏电源、电阻箱，扣 20 分			
仪表使用	30	(1)万用表使用不正确、测量方法有误，扣 10 分； (2)损坏万用表，扣 30 分			
电路连接	10	(1)电路连接不正确，每处扣 5 分； (2)因电路连接不正确损坏万用表、电源、电阻箱，扣 10 分			
安全、文明操作	20	(1)违反操作规程，产生不安全因素，扣 7～10 分； (2)着装不规范，扣 3～5 分； (3)不主动整理工具、器材，工具和器材整理不规范，工作场地不整洁，扣 5～10 分； (4)不爱护工具设备，不节约能源，不节省材料，每项扣 8～10 分			
表格填写	20	表 1-1、1-2、1-3、1-4、1-5 的填写漏填或填错，每处扣 2～4 分			
定额时间_____		开始时间：_____　结束时间：_____ 按每超过 5 min 扣 3 分计算			
分数合计					
总评分 = 自评分×20％ + 互评分×20％ + 教师评分×60％ =					

八、知识与技能拓展

认真阅读数字式万用表使用说明书，掌握其使用方法，并能用数字式万用表测量交流电压、直流电压、电阻。

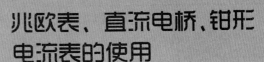

兆欧表、直流电桥、钳形电流表的使用

一、课题目标

知识目标

(1)熟悉兆欧表、直流电桥、钳形电流表的外形结构。
(2)掌握兆欧表、直流电桥、钳形电流表的使用方法。

技能目标

(1)能正确使用兆欧表测量电气设备绝缘电阻。
(2)能正确使用直流电桥测量低阻值电阻。
(3)能正确使用钳形电流表测量线路电流。

二、相关知识

(一)兆欧表

兆欧表,又称绝缘电阻表、摇表,是一种测量电气设备及线路绝缘电阻的仪表。ZC-25 型兆欧表的外形结构如图 2-1 所示。

图 2-1　ZC-25 型兆欧表的外形结构

1. 兆欧表的选用

常用兆欧表的规格有 250 V、500 V、1 000 V、2 500 V 等。选用兆欧表主要考虑它的输出电压。高压电气设备和线路的测量需要使用输出电压高的兆欧表,而低压电气设备和线路的测量需要使用输出电压低的兆欧表。通常 500 V 以下的电气设备和线路选用 500 ~ 1 000 V 的兆欧表。

2. 兆欧表的使用方法和注意事项

1)测量前的准备工作

(1)将兆欧表水平放置,依顺时针方向摇动摇柄,指针应该指到∞处。把 L 和 E 两接线柱输出线短接,慢慢摇动摇柄,指针指零。注意在摇动摇柄时不得让 L 和 E 短接时间过长,否则会损坏兆欧表。

(2)检查被测电气设备或线路是否已切断电源。

(3)测量前应对电气设备或线路先放电,严禁电气设备或线路带电时用兆欧表测量绝缘电阻。

2)测量

(1)兆欧表必须水平放置于平稳牢固的地方并远离外磁场,以免在摇动时因抖动、倾斜及外磁场影响产生测量误差。

(2)兆欧表有三个接线柱,E(接地)、L(线路)和 G(保护环)。在测量电气设备的对地绝缘电阻时,L 用单根导线接电气设备的待测部位,E 用单根导线接电气设备外壳如图 2-2(a)所示;如测电气设备内两绕组之间的绝缘电阻时,将 L 和 E 分别接两绕组的接线端如图 2-2(b)所示;当测量电缆线芯对缆壳的绝缘电阻时,为消除因绝缘物表面轴向漏电产生的误差,L 接线芯,E 接缆壳,G 接线芯与缆壳之间的绝缘层如图 2-2(c)所示。

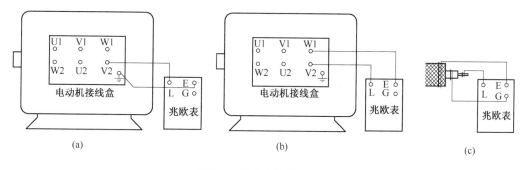

图 2-2 兆欧表接线示意图

(3)摇动摇柄的转速逐渐达到并保持 120 r/min 左右,待指针稳定下来再读数。

(4)兆欧表停止摇动以前,切勿用手去触及电气设备的被测部分或摇表接线柱。

(5)测量完毕,拆线时也不可直接去触及引线的裸露部分,并应对电气设备放电,防止触电事故发生。

(二)直流电桥

直流电桥主要用于测量低阻值电阻,如测量电动机绕组的直流电阻;测量线路的直流电阻等。直流电桥分直流单臂电桥和直流双臂电桥两种。

1. 直流单臂电桥

直流单臂电桥又称惠斯顿电桥,QJ-23 型直流单臂电桥(总有效量程为 1 ~ 9.999 MΩ)的外形结构如图 2-3 所示。

图 2-3 QJ-23 型直流单臂电桥的外形结构

1—指零仪零位调整器；2—指零仪；3—内、外接指零仪转换开关；4—外接指零仪接线端钮；
5—量程倍率变换器；6—测量盘；7—外接电源接线端钮；8—内、外接电源转换开关；
9—测量电阻器接线端钮；10—指零仪按钮（G）；11—电源按钮（B）；12—指零仪灵敏度调节旋钮

1）使用方法

（1）仪器水平放置，把3（内外接指零仪转换开关）扳向"外接"，则内附指零仪断路，电桥由4（外接指零仪接线端钮）接入外接指零仪；把3扳向"内接"，则内附指零仪接入电桥线路，再调整1（指零仪零位调整器）使指零仪指零位。

（2）把8（内、外接电源转换开关）扳向"外接"，则由7（外接电源接线端钮）接入外接电源；把8扳向内接，则电桥内附电源接入电桥线路。

（3）被测电阻接到9（测试电阻器接线端钮），被测电阻若小于 10 kΩ，一般可使用内附指零仪、电源进行测量。开始测量时，可逆时针方向旋转12（指零仪灵敏度调节旋钮），以减少指零仪灵敏度，当测定到大致值后再增大灵敏度。若转动测量盘难以分辨指零仪读数时，需外接高灵敏度的指零仪。

（4）调节5（量程倍率变换器），根据被测电阻估算值，选择适当的量程倍率，按下10（指零仪按钮），随后按下11（电源按钮），看指零仪偏转方向，如果指针向" + "方向偏转，表示被测电阻值大于估算值，需增加测量盘示值，使指零仪趋向于零位。如果指零仪仍偏向于" + "边，则可增加量程倍率，再调节测量盘使指零仪趋向于零位；若指针向" – "方向偏转，表示被测电阻值小于估算值，需减少测量盘示值，使指零仪趋向于零位。测量盘示值减少到 1 000 Ω 时，指零仪仍然偏向" – "边，则可减少量程倍率，再调节测量盘，使指零仪趋向于零位。

（5）当指零仪指零位时，电桥平衡，测得电阻值可由下式求得：

测试电阻值 = 量程倍率 × 测量盘示值之和（Ω）。

2）注意事项

（1）仪器使用完毕后将3、8扳向外接。10、11按钮放开。

（2）在测量感抗负载的电阻（如电动机、变压器等）时，必须先按下 11（电源按钮），然后按下 10（指零仪按钮）。断开时，先放开 10，再放开 11。

（3）在测量时，被测电阻的接线电阻要小于 0.002 Ω，当测量小于 10 Ω 的被测电阻值时，要扣除接线电阻所引起的误差。

（4）使用时，测量盘 ×1 000 不允许置于"0"位。

（5）仪器初次使用或相隔一定时期再使用时，应将各旋钮开关盘转动数次。

（6）长期停用时，应取出内附电池，以防电池漏液损坏仪器。

2. 直流双臂电桥

直流双臂电桥又称凯尔文电桥，QJ42 型直流双臂电桥（总有效量程为 0.000 1 ~ 11 Ω）的外形结构如图 2-4 所示。

图 2-4　QJ42 型直流双臂电桥的外形结构

1—集成电路检流计工作电源开关（B1）；2—滑线读数盘；3—电桥外接工作电源接线柱（B 外）；

4—倍率读数开关；5—检流计灵敏度调节旋钮；6—指零仪（检流计）；7、11—被测电阻的电流端接线柱；

8—检流计电气调零旋钮；9—被测电阻的电位端接线柱；10—1.5 V 电源内外转换开关；

12—检流计通/断开关（按钮）；13—电桥工作电源通/断开关（按钮）

1）使用方法

（1）在 QJ42 型直流双臂电桥外形背面电池盒中装上五节 1 号干电池，或在外接电源接线柱"B 外"上接入 1.5 V 直流电源，并将"电源选择"开关拨向相应的位置。指零仪用一节 9 V 的 6F22 迭层电池。

（2）将"B1"指向"通"，把指零仪指针调到"0"位。

（3）将被测电阻元件 R_x 按图 2-5（a）所示的四端接线法接在电桥相应的接线柱上。其中，AB 两点之间为被测电阻元件 R_x，AP1 和 BP2 为电位端引线，AC1 和 BC2 为电流端引线。

（4）用"灵敏度"调节电位器调低指零仪灵敏度，估计被测电阻的阻值，根据表 2-1 选择倍率，将倍率开关旋到适当的位置上。

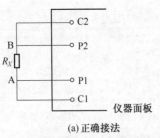

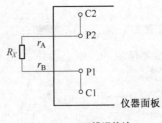

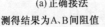

(a) 正确接法　　　　　　　　　　　(b) 错误接法

测得结果为 A、B 间阻值　　　　　测得结果为含有 r_A、r_B 连线的 P1、P2 间阻值

图 2-5　双臂电桥测电阻的接线

表 2-1　QJ42 倍率及有效量程

倍　　率	有效量程/Ω
$\times 10^{-4}$	0.000 1 ~ 0.001 1
$\times 10^{-3}$	0.001 ~ 0.011
$\times 10^{-2}$	0.01 ~ 0.11
$\times 10^{-1}$	0.1 ~ 1.1
$\times 1$	1 ~ 11

按下按钮 G 和 B，并调节读数盘，使指零仪指针重新回到零位（即电桥平衡），再提高灵敏度，重新调节读数盘，使指零仪指零，则被测电阻的电阻值为 $R_x = M \times X$（M 为倍率开关示值，X 为读数盘示值）。

2）注意事项

（1）测量 0.000 1 ~ 0.001 1 Ω 时，电位端引线 AP1、BP2 和电流端引线 AC1、BC2 的导线电阻应小于 0.01 Ω。

（2）测量 0.000 1 ~ 0.01 Ω 时，工作电流较大，按钮 B 应间歇使用。

（3）测量具有大电感的电阻时，为了防止损坏指零仪，接通时应先按 B，后按 G 按钮。而断开时应先放 G，后放 B 按钮。

（4）QJ42 使用完毕，应将所有钮子开关扳向"断"，以免无谓放电。

（5）仪器初次使用或隔一定时期再使用前，应将倍率开关和读数盘旋动数次，使接触部分接触良好，确保测量精度。

（6）长期停用时，应取出内附电池，以防电池漏液损坏仪器。

（三）钳形电流表

钳形电流表简称钳形表，是一种不需断开电路，就可直接测量电路交流电流的携带式仪表。其工作部分主要由一只电流表和穿心式电流互感器组成。穿心式电流互感器铁芯制成活动开口，且成钳形，故称为钳形电流表。

1. MG28/36 型多用钳形表的使用方法

1）结构与工作原理

MG28/36 型多用钳形表的外形结构如图 2-6 所示。

仪表是由一副可张开的钳形互感器（导磁铁芯的可动部分装有压力弹簧，能使其张开后自动闭合）和一只万用表两部分组成如图 2-6 所示。当两部分组合，截流导线被卡入铁芯中心时，就作为电流互感器的一次侧，置于铁芯上的二次绕组与万用表接通，表头即能指示出通过导线的交流电流。

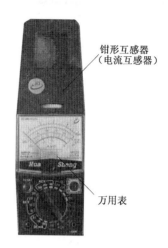

钳形互感器（电流互感器）

万用表

图 2-6　MG28/36 型多用钳形表的外形结构

2）测量交流电流方法

（1）测量前，应检查仪表指针是否处于零位，如不在零位，应进行机械调零。

（2）测量前还应检查钳口的开合情况，要求钳口可动部分开合自如，两边钳口结合面接触紧密。如钳口上有油污和杂物，应用溶剂洗净；如有锈斑，应轻轻擦去。测量时务必使钳口接合紧密，以减少漏磁通，提高测量精确度。

（3）测量时量程选择开关应置于适当位置。如事先不知道被测电路电流的大小，可先将量程选择开关置于高挡，然后再根据指针偏转情况将量程选择开关调整到合适位置。

（4）当被测电路电流太小，即使在最低量程挡指针偏转角都不大时，为提高测量精确度，可将被测载流导线在钳口部分的铁芯柱上缠绕几圈后进行测量，将指针示数除以穿入钳口内导线根数即得实测电流值。

（5）测量时，应使被测导线置于钳口内中心位置，以利于减小测量误差。

2. DT-6266 型数字式钳形表（外形结构如图 2-7 所示）的使用方法

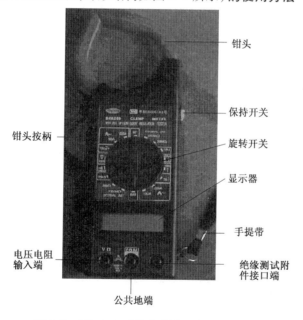

钳头

保持开关

旋转开关

显示器

手提带

绝缘测试附件接口端

钳头按柄

电压电阻输入端

公共地端

图 2-7　DT-6266 型数字式钳形表的外形结构

1）直流（DC）和交流（AC）电压测量

（1）将红表笔插入 VΩ 插孔，黑表笔插入 COM 插孔中。

（2）将功能选择开关置于 DCV（直流电压）或 ACV（交流电压）相应位置上，便可测量。

2）电阻测量

（1）将红表笔插入 VΩ 插孔，黑表笔插入 COM 插孔中。

（2）将功能选择开关置于欧姆挡相应位置上，将两测试笔跨接在被测电阻元件两端，即可测得电阻值。

3）交流电流（ACA）测量

（1）数据保持开关（DATE HOLD）处于未保持状态（没有压下）。

（2）将功能选择开关置于 ACA（交流电流）1 000 A 挡上。

（3）按下钳头按柄，钳即打开，把导电体夹在钳内，即可测得导电体的电流值，同时夹住两个或三个导电体是不能测量的。

注意：如果测得电流小于 200 A 时，把功能选择开关置于 200 A 挡上，这样可以测得准确。如果因环境条件限制，如暗处无法直接读数，按下保持键，可拿到亮处读取。

三、工具、仪表及器材

（1）工具：螺钉旋具、尖嘴钳、剥线钳、斜口钳等。

（2）仪表：兆欧表、直流单臂电桥、直流双臂电桥、钳形电流表。

（3）器材：三相笼形电动机、导线等。

四、实训内容与步骤

（1）将一台三相笼形异步电动机接线盒拆开，取下所有接线柱之间的连接片，使三相绕组 U1、U2；V1、V2；W1、W2 各自独立。用兆欧表测量三相绕组之间，各相绕组与机座之间的绝缘电阻，将测量数值记于表 2-2 中。

表 2-2　电动机绕组绝缘电阻的测量

电动机电性能参数额定值				兆欧表		绝缘电阻/MΩ					
功率	电流	电压	接法	型号	规格	U－V	U－W	V－W	U－地	V－地	W－地

（2）分别用单、双臂电桥测量电动机三相绕组的直流电阻并将其数值记于表 2-3 中。

表 2-3　用直流电桥测量电动机三相绕组的直流电阻

电　桥	U1－U2	V1－V2	W1－W2
单臂电桥			
双臂电桥			

（3）按电动机铭牌规定，恢复有关接线柱之间的连接片，将电动机接入三相交流线路，被测相线置于钳形电流表钳口内中心位置，接通电源开关，测量电动机启动瞬时的起动电流和转速达额定值后的空载电流，测量完毕及时关断电源，将测量数值记于表 2-4 中。

（4）在教师的指导下断开一相电源，将电动机接入三相交流电路，接通电源开关，用钳形电流表测量电动机缺相运行电流（检测时间尽量短），测量完毕立即关断电源，将测量数值记于表 2-4 中。

表2-4 电动机起动电流和空载电流的测量

钳形电流表	起动电流		空载电流		缺相运行电流			
型号	量程	读数	量程	读数	量程	U	V	W

五、注意事项

（1）在教师的讲解、示范和指导下，学生进行正确测量。

（2）正确使用兆欧表、直流电桥、钳形电流表。

（3）安全、文明操作。

六、故障及处理记录

把故障及处量方法填入表2-5中。

表2-5 故障及处理方法

故障现象	原因	处理方法

七、评价

将实训评分结果填入表2-6中。

表2-6 评价表

项目内容	配分	评分标准	自评分	互评分	教师评分
操作步骤、方法	20	（1）操作步骤不正确，扣5～10分； （2）操作方法不正确，扣10分			
仪表使用	30	（1）仪表使用不正确、检测方法有误，扣10分； （2）损坏仪表，扣30分			
电路连接	10	（1）电路连接不正确，每处扣5分； （2）因电路连接不正确损坏电源、电动机，扣10分			
安全、文明操作	20	（1）违反操作规程，产生不安全因素，扣7～10分； （2）着装不规范，扣3～5分； （3）不主动整理工具、器材，工具和器材整理不规范，工作场地不整洁，扣5～10分； （4）不爱护工具设备，不节省能源，不节省材料，每项扣8～10分			

项目内容	配分	评 分 标 准	自评分	互评分	教师评分
表格填写	20	表2-2、2-3、2-4 的填写漏填或填错,每处扣2~4分			
定额时间_____		开始时间:_____ 结束时间:_____ 按每超过 5 min 扣 5 分计算			
		分数合计			
		总评分 = 自评分×20% + 互评分×20% + 教师评分×60% =			

八、知识与技能拓展

随着科学技术的发展,目前一些智能型、多功能型的绝缘电阻测试仪不断问世,它们具有数字显示、操作简单和安全可靠等优点,深受广大用户欢迎。如 UNILAP ISO 5KV 绝缘电阻测试仪,其外形结构如图 2-8 所示。它可以检测电器装置、家用电器、电缆和机器的绝缘状态,它具有 500 V、1 000 V、2 500 V、5 000 V 多种绝缘测试电压挡位,绝缘电阻测量范围为 10 kΩ~30 TΩ。

图 2-8　绝缘电阻测试仪

模块三

常用导线连接、安装与检修电气照明电路

知识目标

(1)掌握导线绝缘层剖削、连接和绝缘层恢复的方法。

(2)掌握荧光灯电路组成与工作原理。

(3)掌握低压配电箱中常用电器元件的基本原理与作用。

(4)掌握低压配电箱的安装方法。

技能目标

(1)能正确剖削导线绝缘层、连接常用导线和恢复绝缘层。

(2)能正确安装与检修荧光灯电路。

(3)能正确安装与检修低压配电箱。

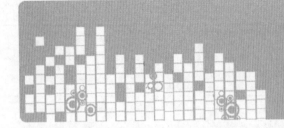

实训课题 三

常用导线连接

一、课题目标

知识目标

掌握导线绝缘层剖削、连接和绝缘层恢复的方法。

技能目标

(1)能正确使用合适的工具剖削导线绝缘层。

(2)能正确连接常用导线。

(3)能正确恢复接线头绝缘层。

二、相关知识

导线的连接是电工基本操作工艺之一。导线连接的质量关系着线路和设备运行的可靠性和安全程度。对导线连接的基本要求是:连接牢固可靠、接头电阻小、机械强度高、耐腐蚀、耐氧化、电气绝缘性能好。

1. 导线线头绝缘层的剖削

(1)塑料硬线绝缘层的剖削:

芯线截面为 4 mm² 及以下的塑料硬线,用钢丝钳(或剥线钳)剖削,具体方法如下:

①用左手捏住导线,根据线头所需长度用钢丝钳刀口切割绝缘层,但不可切入芯线。

②然后用右手握住钢丝钳头部用力向外勒去塑料绝缘层,如图 3-1 所示。

③剖削出的芯线应保持完整无损。

芯线截面积大于 4 mm² 的塑料硬线,可用电工刀来剖削绝缘层,方法如下:

①根据所需的长度,右手握紧电工刀,以 45°角倾斜切入塑料绝缘层,注意应使刀口刚好削透绝缘层而不伤及芯线,如图 3-2(a)所示。

②刀口与芯线保持 15°～25°倾斜角,用力向线端推削,不可切入芯线,削去上面一层塑料绝缘层,如图 3-2(b)所示。

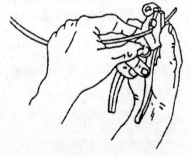

图 3-1　用钢丝钳勒去塑料绝缘层

③将下面塑料绝缘层向后扳翻,如图 3-2(c)所示,再用电工刀齐根切去。

(2)塑料软线绝缘层的剖削。塑料软线绝缘层的剖削除用剥线钳外,仍可用钢丝钳剖削(剖削方法同塑料硬线绝缘层的剖削),但不能用电工刀剖削。因塑料软线太软,用电工刀剖削很容易伤及芯线和手指。

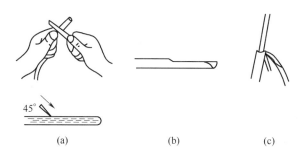

(a)   (b)   (c)

图 3-2　用电工刀剖削绝缘层

（3）塑料护套线绝缘层的剖削。塑料护套线绝缘层分为外层的公共护套层和内部每根芯线的绝缘层。公共护套层一般用电工刀剖削，方法如下：

①先按线头所需长度，将刀尖对准两股芯线的中缝划开护套层，如图 3-3（a）所示。

②将护套层向后扳翻，然后用电工刀齐根切去，如图 3-3（b）所示。

③切去护套后，露出的每根芯线绝缘层可用钢丝钳、剥线钳或电工刀按照剖削塑料硬线绝缘层的方法分别除去。用钢丝钳、剥线钳或电工刀剖削时切口应离护套层 5～10 mm。

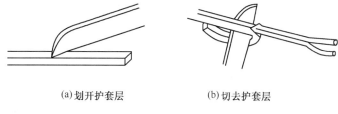

(a)划开护套层   (b)切去护套层

图 3-3　用电工刀剖削塑料护套线绝缘层

（4）橡套软线（橡套电缆）绝缘层的剖削。橡套软线外包一层较厚的护套层，内部每根线芯上又有各自的橡皮绝缘层，剖削方法如下：

①用电工刀切开护套层，如图 3-4（a）所示。

②剥开已切开的护套层，如图 3-4（b）所示。

③扳翻护套层，再用电工刀齐根切去，如图 3-4（c）所示。

④露出的多股芯线绝缘层，可用钢丝钳或剥线钳分别除去。

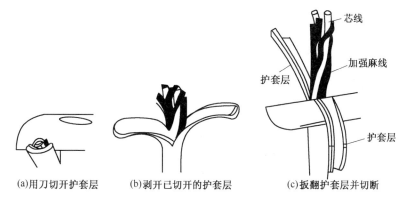

(a)用刀切开护套层   (b)剥开已切开的护套层   (c)扳翻护套层并切断

图 3-4　橡套软线绝缘层的剖削

模块三　常用导线连接、安装与检修电气照明电路

(5)漆包线绝缘层的去除。漆包线绝缘层是喷涂在芯线上的绝缘漆层。由于线径的不同,去除绝缘层的方法也不一样。直径在 1 mm 以上的,可用细砂纸或细纱布擦去;直径在 0.6 mm 以上的,可用薄刀片刮去;直径在 0.6 mm 及以下的也可用细砂纸或细纱布轻轻擦除,但易折断,需要小心操作。有时为了不削减漆包线芯线直径,也可用微火烤焦其线头绝缘层,再轻轻刮去。

2. 导线的连接

(1)单股铜芯导线的直线连接。截面积在 6 mm² 以下的单股铜芯导线的直线连接步骤如下:

①将两线头剖除绝缘层并去掉氧化层,露出芯线的长度是芯线直径的 80 倍左右。

②把两线头的芯线成 X 形相交,相交点距芯线根部的距离是每根芯线裸露部分长度的 1/5 左右,如图 3-5(a)所示。

③相互绞绕 2~3 圈后扳直两线头,如图 3-5(b)所示。

④将每根线头在对边的芯线上紧贴并绕 6~8 圈,将多余部分剪去,并用尖嘴钳平口处钳平芯线的末端,如图 3-5(c)所示。

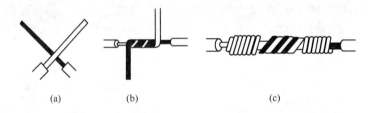

(a)　　　　　(b)　　　　　(c)

图 3-5　单股铜芯导线的直线连接

(2)单股铜芯导线的 T 形连接。单股铜芯导线的 T 形连接步骤如下:

①将干路线头绝缘层剖除并去掉氧化层,干路芯线剖除绝缘层的长度为支路芯线直径的 8~10 倍。

②将支路线头绝缘层剖除并去掉氧化层,支路芯线剖削的长度为干路芯线直径的 60 倍左右。

③将除去绝缘层和氧化层的支路线与干路线剖削处的芯线十字相交,注意在支路芯线根部留出 3~5 mm 裸线,接着顺时针方向将支路芯线在干路芯线上紧密缠绕 6~8 圈,如图 3-6 所示,剪去多余线头并钳平芯线的末端。

对于截面积较小的单股铜芯线,先把支路芯线线头与干路芯线十字相交,仍在支路芯线根部留出 3~5 mm 裸线,把支路芯线在干路芯线上缠绕成结状,再把支路芯线拉紧扳直并在干路芯线上紧贴并绕 6~8 圈,如图 3-7 所示,剪去多余线头并钳平芯线的末端。

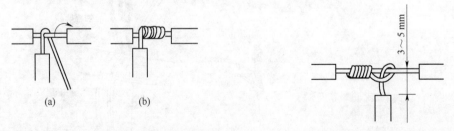

(a)　　　　　(b)

图 3-6　单股铜芯导线的 T 形连接　　　　图 3-7　截面积较小的单股铜芯线 T 形连接

(3)七股铜芯导线的直线连接。对于截面积较小(如 10 mm²)的七股芯线采用自缠法,如

图 3-8 所示。其操作步骤如下：

①将待接两导线线头绝缘层剖除，绝缘层剖除长度为每股芯线直径的 100 倍左右。

②用钢丝钳将其根部的 1/4 部分绞紧，其余 3/4 部分做成伞骨状，如图 3-8(a) 所示。

③将两芯线线头隔股对叉，叉紧后将每股芯线捏平，如图 3-8(b)、(c) 所示。

④将一端的七股芯线线头按 2、2、3 分成三组，将第一组两股垂直芯线扳起，按顺时针方向紧绕两圈后扮成直角，使其与芯线平行，如图 3-8(d)、(e) 所示。

⑤将第二组芯线紧贴第一组芯线直角的根部扳起，按第一组的绕法缠绕两圈后仍扳成直角，如图 3-8(f)、(g) 所示。

⑥第三组三根芯线缠绕方法如前，但应绕三圈，如图 3-8(h) 所示，在绕完第二圈时找准长度，剪去前两组芯线的多余部分，同时将第三组芯线再留一圈长度，其余剪去，使第三组芯线第三周绕完后正好压住前两组芯线线头，如图 3-8(i) 所示。按照该方法再连接另一端。

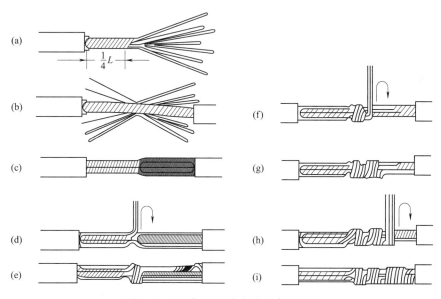

图 3-8　七股铜芯导线自缠法直线连接

(4)七股铜芯导线的 T 形分支连接。对于截面积较小的七股铜芯导线，采用如图 3-9 所示的方法连接。

①将干路和支路线的绝缘层剖除，干路线剖削绝缘层的长度约为支路线每股芯线直径的 50 倍，支路线剖削绝缘层的长度为干路线每股芯线直径的 110 倍左右。

②将支路线线头剥去绝缘层后在根部 1/9 处进一步绞紧，余部按三股四股分成两组，如图 3-9(a) 所示。

③用平口螺钉旋具将除去绝缘层的干路线接口部分按三股四股分成两组。

④将四股一组支路线插入两组干路线中间至根部。

⑤将支路线两组向彼此相反的方向沿干路线绕 4 ~ 5 圈，如图 3-9(b)、(c) 所示，剪去余端，并钳平芯线的末端，如图 3-9(d) 所示。

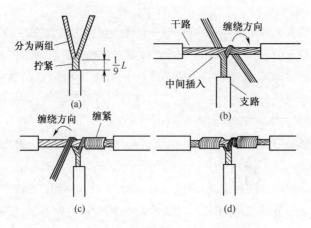

图 3-9 七股铜芯导线的 T 形分支连接

（5）铜导线接头的锡焊连接。对于较细的铜导线，可采用电烙铁进行焊接。

①将两线头剖除绝缘层并去掉氧化层。

②将两根芯线的线头先绞绕连接，如图 3-10（a）所示。

③涂上无酸助焊剂，用电烙铁（电烙铁功率一般在 50 W 以上）进行锡焊接，如图 3-10 所示。焊接中应使焊锡充分渗入导线接头缝隙中，焊接完成的接点应牢固光滑。

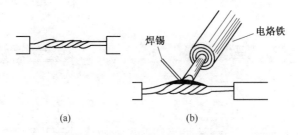

图 3-10 铜导线接头的锡焊连接

（6）线头与针孔接线柱的连接。接线桥、瓷插式熔断器和电能表的接线柱是针孔接线柱，它是利用针孔附有压接螺钉压住线头完成连接的。线路电流小时，可用一只螺钉压接；若线路电流较大或接头连接要求较高时，应用两只螺钉压接。

单股芯线与针孔接线柱连接时，最好将线头折成双股并排插入针孔，使压接螺钉压在双股芯线的中间。如果线头较粗，双股插不进针孔去，也可单股插入进行压接，如图 3-11 所示。

在针孔接线柱上连接多股芯线时，先用钢丝钳将多股芯线绞紧后，再进行压接，如图 3-12（a）所示。如果针孔过大可选一根直径大小相宜的导线作绑扎线，在已绞紧的线头上紧密缠绕一层，使线头大小与针孔合适后，再进行压接，如图 3-12（b）所示。如果多股芯线的线头过大，插不进针孔时，可将线头散开，适量剪去中间几股，然后将线头绞紧，再进行压接，如图 3-12（c）所示。对于多股铜芯线的线头一般经搪锡后再进行压接。

无论是单股或多股芯线的线头，在插入针孔时，要插到底，针孔外的裸线头的长度不超过 2 mm。

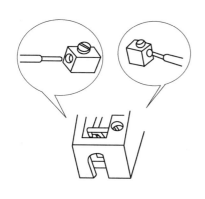

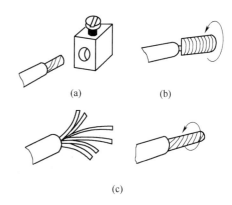

图 3-11　单股芯线与针孔接线柱的连接　　　　图 3-12　多股芯线与针孔接线柱的连接

（7）线头与螺钉平压式接线柱的连接。对电流小的单股芯线，先将线头弯成压接圈（见图 3-13），再用螺钉压接。对于电流较大，横截面积超过 10 mm² 的导线端头，线头先接接线耳后，再与接线柱压接，如图 3-14 所示。

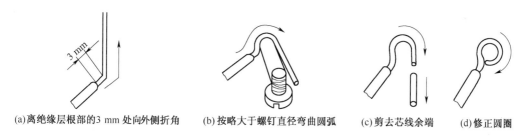

(a)离绝缘层根部的3 mm 处向外侧折角　(b) 按略大于螺钉直径弯曲圆弧　(c) 剪去芯线余端　(d) 修正圆圈

图 3-13　单股芯线压接圈的步骤

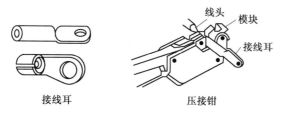

图 3-14　导线与接线耳连接

①铝线与铜接线柱连接时，使用铝铜连接接线耳，将铝线头和接线耳铝端内孔清理干净，再将铝线头插入接线耳铝端，用压接钳压接，接线耳的铜端再与铜接线柱连接。

②铜线与铜接线柱连接时，使用铜接线耳，将铜线头（多股铜芯线的线头需搪锡后）插入铜接线耳，用压接钳压接，接线耳再与铜接线柱连接。

③软线线头与螺钉平压式接线柱连接时，把线头拧紧，沿顺时针方向在螺杆上绕一圈，按图 3-15 所示的方法绕结，把余下线头围螺杆绕一圈，剪去多余线头，旋紧螺钉压接。

（8）线头与瓦形接线柱的连接。先将去除氧化层线头弯曲成 U 形，如图 3-16（a）所示。再把 U 形线头放入接线柱瓦形垫圈下方压紧。如果在接线柱上连接两个线头，应将弯成 U 形的两个线头相重合，放入接线柱瓦形垫圈下方压紧，如图 3-16（b）所示。

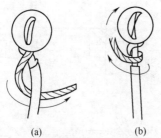

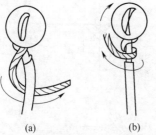

图 3-15　软线线头与平压式接线柱连接　　　图 3-16　线头与瓦形接线柱的连接

（9）压接管压接。较粗的铜线和铝线都可以采用压接套管压接,铜线的连接采用铜套管,铝线的连接采用铝套管,铜线与铝线之间的连接采用铜铝连接套管或铝套管(采用铝套管时,铜线头需搪锡)。按套管横截面分为圆形和椭圆形两种。

使用圆截面套管时,将两根芯线的线头分别从左右两端插入套管相等长度,使两根芯线的线头的连接点位于套管内的中间点,如图 3-17 所示。用压接钳压紧套管连接,一般情况下只需在每端压一个坑即可。对于较粗的导线或机械强度要求较高的场合,可适当增加压坑的数目。

使用椭圆截面套管时,将两根芯线的线头分别从左右两端插入并穿出套管少许,用压接钳压紧套管连接,如图 3-18 所示。

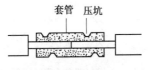

图 3-17　圆截面套管压接

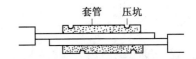

图 3-18　椭圆截面套管压接

（10）铝导线线头的连接。铝导线通常采用压接(螺钉压接、压接管压接和并沟线夹螺钉压接)。

3. 接线头绝缘层的恢复

在线头连接完毕后,导线连接前所破坏的绝缘层必须恢复,且恢复后的绝缘强度不应低于剖削前的绝缘强度,方能保证用电安全。电力线上恢复线头绝缘层一般选用塑料胶带和黑胶带(黑胶布)绝缘材料。绝缘带宽度选 20 mm 比较适宜。

在 380 V 线路上接线头恢复绝缘层时,先包缠两层塑料胶带,再包缠一层黑胶带。在 220 V 线路上接线头恢复绝缘层时,可先包一层塑料胶带,再包一层黑胶带。或不包塑料胶带,只包两层黑胶带。

220 V 线路上一字形连接的接线头可按图 3-19 所示方法进行绝缘处理,先包缠一层塑料胶带,再包缠一层黑胶带。将塑料胶带从接头左边绝缘完好的绝缘层上开始包缠,包缠两圈后进入剥除了绝缘层的芯线部分[见图 3-19(a)]。包缠时塑料胶带应与导线成 45°～55°倾斜角,每圈压叠带宽的 1/2[见图 3-19(b)],直至包缠到接头右边两圈距离的完好绝缘层处。然后将黑胶带接在塑料胶带的尾端,按另一斜叠方向从右向左包缠[见图 3-19(c)、图 3-19(d)],每圈仍压叠带宽的 1/2,直至将塑料胶带完全包缠住。包缠处理中应用力拉紧胶带,注意不可稀疏,更不能露出芯线,以确保绝缘质量和用电安全。

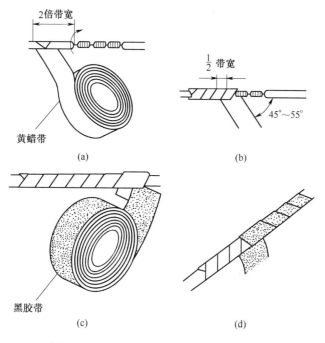

图 3-19 一字形连接的接头绝缘层的恢复

220 V 线路上 T 形分支接线头的恢复绝缘层方法同上,T 形分支接头的包缠方向如图3-20所示,走一个 T 形的来回,使每根导线上都包缠两层绝缘胶带,每根导线都应包缠到完好绝缘层的两倍胶带宽度处。

380 V 线路上接线头的恢复绝缘层可参照上述包缠方法。室外接线头,先用绝缘胶带恢复绝缘层,再用自粘胶带包缠一层。

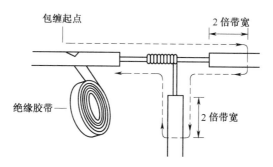

图 3-20 T 形分支接头绝缘层的包缠

三、工具及器材

(1)工具:螺钉旋具、尖嘴钳、钢丝钳、剥线钳、斜口钳、电工刀、压接钳、电烙铁(50 W)等。

(2)器材:单股绝缘铜芯线(1.5 mm²、6 mm²)、绝缘铜芯线软线(1.5 mm²)、双芯护套线(2.5 mm²)、橡套软线(2.5 mm²)、漆包线(0.4 mm²)、七股绝缘铜芯线(10 mm²)、焊锡丝、细砂纸(或细纱布)、锡锅及焊锡、瓷插式熔断器、座灯口(具有螺钉平压式接线柱)、铜铝连接接线耳、铜

接线耳、铜压接套管、铝压接套管、铜铝连接压接套管、塑料胶带、黑胶布等。

四、实训内容与步骤

教师示范,学生模仿练习,教师巡回指导。

1. 剖削导线绝缘层

(1)塑料硬线绝缘层的剖削。

(2)塑料软线绝缘层的剖削。

(3)塑料护套线绝缘层的剖削。

(4)橡套软线(橡套电缆)绝缘层的剖削。

(5)漆包线绝缘层的去除。

2. 导线连接

(1)单股铜芯导线的直线连接。

(2)单股铜芯导线的 T 形连接。

(3)七股铜芯导线的直线连接。

(4)七股铜芯导线的 T 形分支连接。

(5)细铜导线接头的锡焊。

(6)线头与针孔接线柱的连接。

(7)线头与平压式接线柱的连接。

(8)线头与瓦形接线柱的连接。

(9)压接管压接。

3. 绝缘层恢复

(1)一字形接头绝缘层的恢复。

(2)T 形分支接头绝缘层的恢复。

五、注意事项

(1)用电工刀剖削导线绝缘层时不能伤手,不能伤周围同学。

(2)用断线钳剪去多余芯线时不能伤眼睛,不能伤周围同学。

(3)剖削导线绝缘层时不能损伤芯线。

(4)用钳子绞紧导线及钳平芯线的末端时不能损伤芯线。

(5)剖削导线绝缘层长度,芯线相交点的数值要正确,节约导线。

(6)搪锡时注意安全。

六、故障及处理记录

把故障及处理方法填入表3-1中。

七、评价

将实训评分结果填入表3-2中。

表3-1　故障及处理方法

故　障　现　象	原　　因	处　理　方　法

表3-2　评　价　表

项目内容	配分	评　分　标　准	自评分	互评分	教师评分
剖削导线绝缘层	25	(1)剖削导线绝缘层时使用工具不合适,每次扣5分; (2)剖削导线绝缘层方法不正确,每根扣5分; (3)损伤芯线,每根扣5分; (4)伤手、伤眼睛、伤周围同学,扣10分			
导线连接	40	(1)缠绕方法不正确,每根扣5分; (2)缠绕不紧密不整齐,每根扣5分; (3)未钳平芯线的末端,有毛刺,每根扣5分; (4)导线接头的焊接方法错误、不牢固、焊锡过多或过少、焊点光泽不好、拉尖、焊点周围残留的焊剂较多,每根扣5分; (5)损坏电烙铁,扣20分; (6)接头机械强度不够,每根扣5分; (7)线头与接线柱的连接方法错误、不牢固,每根扣5分; (8)压接管压接方法错误、不牢固,每根扣5分			
绝缘层恢复	15	(1)包缠方法不正确,每根扣5分; (2)包缠不紧密,每根扣5分			
安全、文明操作	20	(1)违反操作规程,产生不安全因素,扣7~10分; (2)着装不规范,扣3~5分; (3)不主动整理工具、器材,工具和器材整理不规范,工作场地不整洁,扣5~10分; (4)不爱护工具设备,不节约能源,不节省材料,每项扣8~10分			
定额时间_____		开始时间:_____　结束时间:_____ 按每超过5 min扣5分计算			
分数合计					
总评分 = 自评分×20% + 互评分×20% + 教师评分×60% =					

八、知识与技能拓展

请读者查阅有关电工材料的资料,了解常用导电材料、绝缘材料的规格和用途。

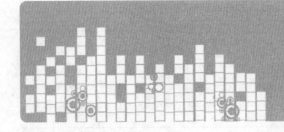

实训课题 四

安装与检修荧光灯电路

一、课题目标

知识目标

(1)掌握荧光灯电路的组成。
(2)掌握荧光灯电路的工作原理。
(3)了解新型节能电光源特性及其应用。

技能目标

(1)能绘制荧光灯电路图。
(2)能正确安装与检修荧光灯电路。

二、相关知识

荧光灯俗称日光灯,是一种气体放电光源,因具有结构简单、光色好、发光效率高、寿命长等优点而广泛应用于车间、商场及办公室等场所。

1. 荧光灯电路组成

主要由荧光灯管、镇流器、辉光启动器组成,如图4-1所示。

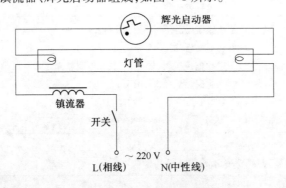

图4-1　荧光灯电路组成

(1)荧光灯管。荧光灯管是一根玻璃管,内壁涂有一层荧光粉(钨酸镁、钨酸钙、硅酸锌等),不同颜色的荧光粉可发出不同颜色的光。灯管内充有稀薄的惰性气体(如氩气)和水银蒸气,灯管两端有由钨制成的灯丝,灯丝上涂有受热后易于发射电子的氧化物,如图4-2所示。

当灯丝有电流通过时,灯管内灯丝发射电子。这时,若在灯管的两端加上足够的电压,就

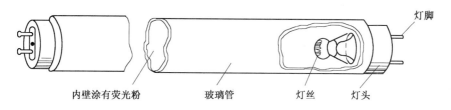

内壁涂有荧光粉　　　　　　玻璃管　　　　灯丝　　灯头

图4-2　荧光灯管结构

会使管内氩气电离,从而使灯管内水银蒸气电离,并发出紫外线,紫外线照射在管壁内的荧光粉上,使荧光粉发出可见光。

（2）镇流器。镇流器外形如图4-3所示。镇流器是一个铁芯电感线圈,其自感系数很大。荧光灯点燃时镇流器产生很大的自感电动势;荧光灯正常发光后镇流器起降压限流作用。

（3）辉光启动器。辉光启动器外形及结构如图4-4所示。

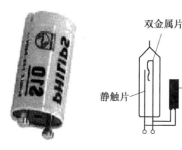

图4-3　镇流器外形　　　　　　图4-4　辉光启动器外形及结构

辉光启动器是由充有氖气的玻璃泡(氖泡)与一个 $0.002 \sim 0.005~\mu F$ 的电容器并联后装入起保护作用的罩壳内构成。氖泡里装有两个电极:一个是静触片,一个是由两种膨胀系数不同的金属片压接弯成的 U 形动触片(双金属片)。电极间并联电容器的作用是避免两个触片分离时产生电火花烧坏触点及干扰电信设备。

2. 荧光灯电路的工作原理

（1）荧光灯的点燃过程:

①闭合开关,交流电压加在辉光启动器两极间,使氖气电离而发出辉光,辉光产生的热量使 U型动触片膨胀伸长,跟静触片接通,于是灯管两灯丝和镇流器线圈中就有电流通过。

②由于辉光启动器动静触片接通后,两极间电压为零,辉光消失,氖泡内温度降低,U 型动触片冷却收缩,两个触片分离,两极断开。

③在两极断开的瞬间,镇流器产生很大的自感电动势,它与电源电压串联加在灯管两端。灯丝受热时发射出来的大量电子,在灯管两端高电压作用下,使管内氩气电离,从而使灯管内水银蒸气电离,并发出紫外线,紫外线照射在管壁内的荧光粉上,使荧光粉发出可见光。

（2）荧光灯的正常发光。荧光灯开始发光后,由于交流电流通过镇流器线圈,线圈中会产生自感电动势,它总是阻碍电流的变化,这时镇流器起着降压限流的作用,使电流稳定在灯管的额定电流范围内,灯管两端电压也稳定在额定电压范围内。由于灯管两端电压(50 ~ 100 V)低于辉光启动器的启辉电压,所以并联在灯管两端的辉光启动器也就不再起作用了。

三、工具、仪表及器材

（1）工具：螺钉旋具、尖嘴钳、剥线钳、斜口钳等。

（2）仪表：测电笔、万用表。

（3）器材：具有输出交流 220 V 插孔的电源箱、40 W 荧光灯（电感式镇流器）组件一套、开关一个、单相插头一个、导线若干。

四、实训内容与步骤

（1）绘制荧光灯电路图，如图 4-1 所示。

（2）配齐所用电气元件，并进行质量检验。

（3）按照荧光灯电路图进行安装接线。

①把荧光灯座、辉光启动器座和镇流器固定在灯架相应位置。

②相线和中性线分别采用红色和蓝色导线，开关控制相线通断。

③辉光启动器座上的两个接线柱分别与两个灯座中的两个接线柱连接。

④一个灯座中余下的一个接线柱与电源的中性线连接；另一个灯座中余下的一个接线柱与镇流器的一个线头连接。

⑤镇流器另一个线头与开关的一个接线柱连接，而开关的另一个接线柱与电源中的相线连接。

⑥把安装接线好的荧光灯电路再与单相插头连接。

（4）按照荧光灯电路图用万用表欧姆挡检测接线是否正确。

（5）断开荧光灯电路控制开关，断开电源箱开关。

（6）把单相插头插入电源箱 ~220 V 输出插孔。

（7）接通电源箱开关，操作荧光灯电路控制开关，观察荧光灯能否正常发光与熄灭。

（8）观察荧光灯能正常工作后，先断开荧光灯电路控制开关，再断开电源箱开关。

五、注意事项

（1）镇流器、辉光启动器和荧光灯管应按同一规格配套使用，不同功率不能互相混用，否则将造成启动困难，甚至缩短灯管寿命。

（2）使用荧光灯管必须按规定接线，否则灯管不亮，严重时会烧坏灯管和镇流器。

（3）接线时应使相线通过控制开关，经镇流器到灯座。

（4）荧光灯通电和断电时，电源箱开关和荧光灯电路控制开关操作顺序要正确。

六、故障及处理记录

把故障及处理方法填入表 4-1 中。

表 4-1　故障及处理方法

故障现象	原　　因	处理方法

七、评价

将实训评分结果填入表 4-2 中。

表 4-2　评 价 表

项目内容	配分	评 分 标 准	自评分	互评分	教师评分
装前检查	10	(1)元件选择不正确,扣 5 分; (2)电气元件漏检或错检,每个扣 2 分			
安装元件	10	(1)电气元件安装错误、不牢固、布置不合理,每个扣 2 分; (2)损坏元件,每个扣 5 ~ 10 分			
接线	30	(1)接点松动、反圈、导线露铜过长(露铜超过2 mm)、压绝缘层,每处扣 2 分; (2)接线错误,每处扣 2 分			
通电试验	30	(1)操作顺序错误,每次扣 10 分; (2)通电试验正常,但不按电路图接线,扣 10 分; (3)第一次通电灯不亮扣 10 分,第二次通电灯不亮扣 20 分			
安全、文明操作	20	(1)违反操作规程,产生不安全因素,扣 7 ~ 10 分; (2)着装不规范,扣 3 ~ 5 分; (3)不主动整理工具、器材,工具或器材整理不规范,工作场地不整洁,扣 5 ~ 10 分; (4)不爱护工具设备,不节约能源、不节省材料,每项扣 8 ~ 10 分			
定额时间_____		开始时间:_____ 结束时间:_____ 按每超过 5min 扣 5 分计算			
分数合计					
总评分 = 自评分 ×20% + 互评分 ×20% + 教师评分 ×60% =					

八、知识与技能拓展

1. 电子镇流器式荧光灯

电子镇流器是应用电子开关电路启动和点亮荧光灯的电子元件。使用电子镇流器的荧光灯无 50 Hz 频闪效应,在环境温度 -25 ~ 40 ℃、电压 130 ~ 240 V 时,经 3 s 预热便可一次快速启动荧光灯,而且启动时无火花,不需要辉光启动器和补偿电容器。具有无噪声、无闪烁、光效高、使用寿命长、节材、节电等特点。

电子镇流器式荧光灯接线图如图 4-5 所示,电子镇流器一般有六根出线,其中两根接电源,另外四根分为两组接灯管两端的灯丝。

2. LED 节能灯

LED 即发光二极管,LED 节能灯是用高亮度白色发光二极管作为发光源,是新一代固体冷光源。LED 节能灯具有以下特点:

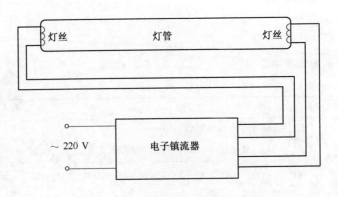

图 4-5　电子镇流器式荧光灯接线图

（1）高效节能。1 000 h 仅耗几度电［普通 60 W 白炽灯 17 h 耗 1 度电（1 度 =1kW·h），相同发光亮度的普通 10 W 节能灯 100 h 耗 1 度电］。

（2）超长寿命。半导体芯片发光，无灯丝，无玻璃泡，不怕振动，不易破碎，使用寿命可达五万小时（普通白炽灯使用寿命仅有 1 000 h，普通节能灯使用寿命也只有 8 000 h）。

（3）光线健康。光线中不含紫外线和红外线，不产生辐射（普通灯光线中含有紫外线和红外线）。

（4）绿色环保。不含汞和氙等有害元素，利于回收，而且不会产生电磁干扰（普通灯管中含有汞和铅等元素，节能灯中的电子镇流器会产生电磁干扰）。

（5）保护视力。直流驱动，无频闪（普通灯都是交流驱动，会产生频闪）。

（6）光效率高。发热小，90% 的电能转化为可见光（普通白炽灯 80% 的电能转化为热能，仅有 20% 的电能转化为光能）。

（7）安全系数高。所需电压、电流较小，发热较小，不产生安全隐患，多用于矿场等危险场所。

（8）适用范围广。适用家庭、商场、银行、医院、宾馆、饭店等各种公共场所长时间照明。

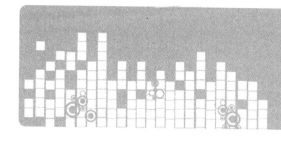

一、课题目标

知识目标

（1）熟悉低压配电箱中常用电气元件的结构。

（2）掌握低压配电箱中常用电气元件的基本原理与作用。

（3）掌握低压配电箱的安装方法。

技能目标

（1）能正确识读低压配电箱电路图。

（2）能正确安装与检修低压配电箱。

二、相关知识

1. 电能表

（1）电能表的分类。电能表分为机械式和电子式两种，如图5-1所示。

机械式电能表

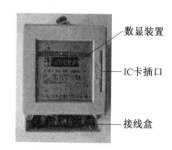

数显装置

IC卡插口

接线盒

电子式电能表

图5-1　单相电能表外形

机械式电能表的主要结构是由电压线圈、电流线圈、铝盘、转轴、制动磁铁、齿轮、计能器等组成。利用电压和电流线圈在铝盘上产生的涡流与交变磁通相互作用产生电磁力，使铝盘转动，同时由制动磁铁产生制动力矩，使铝盘转速与负载功率成正比，通过轴向齿轮传动，由计能器计算出铝盘转数从而测定出电能。

电子式电能表是通过对用户供电电压和电流实时采样，采用专用的电能表集成电路，对采样电压和电流信号进行处理并相乘，转换成与电能成正比的脉冲输出，通过计能器或数字显示器显示。

机械式电能表因工作稳定性差、计量精度低、功耗大、防窃电能力差等缺点,目前逐渐被电子式电能表所替代。

(2)电能表的型号及其含义。电能表型号是用字母和数字的排列来表示的,第一个字母 D 表示电能表;第二个字母 D 表示单相,T 表示三相四线,S 表示三相三线;第三个字母 S 表示电子式;最后一位字母 F 表示复费率(按预定的不同时段的划分,分别计量不同的用电量,从而对不同时段的用电量采用不同的电价),Y 表示预付费;字母后的数字表示设计序号。常用的电能表有 DD862型、DDSY971 型、DTSF971 型等。

2. 漏电断路器(又称漏电保护型空气开关)

三相四线式漏电断路器的外形如图5-2所示,用于交流 50 Hz,额定电压 380 V 的三相四线制的供电系统中,它除能在电路发生短路和过载时自动断开电源,还具有当发生漏电或触电情况时自动断开电源的功能,确保电气设备及人身安全。

漏电断路器漏电保护原理示意图如图 5-3 所示,其漏电保护工作原理如下:

在正常工作条件下,流过零序电流互感器一次侧电流的矢量和等于零,零序电流互感器的二次侧没有输出。当电路中发生触(漏)电情况时,流过零序电流互感器一次侧电流的矢量和不再等于零,而是等于触(漏)电电流。当触(漏)电电流达到漏电动作电流值时,零序电流互感器二次侧输出一个电动势,通过专用电子电路,使跨接在相间电源上的分励脱扣器动作,从而使漏电断路器的主触点自动断开。

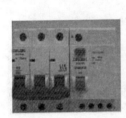

图5-2 三相四线式漏电断路器外形

图5-3 漏电断路器漏电保护原理示意图

三、工具、仪表及器材

(1)工具:螺钉旋具、尖嘴钳、剥线钳、斜口钳、压线钳、活扳手、内六角扳手、焊锡锅等。

(2)仪表:万用表、兆欧表等。

(3)器材:低压配电箱壳体、漏电断路器、DZ47 型断路器、三相电能表、单相电能表、导线、接线耳、紧固件等。

四、实训内容与步骤(具体情况可参照企业当时生产情况,进行适当调整)

(1)识读低压配电箱电路系统图如图5-4、图5-5所示。

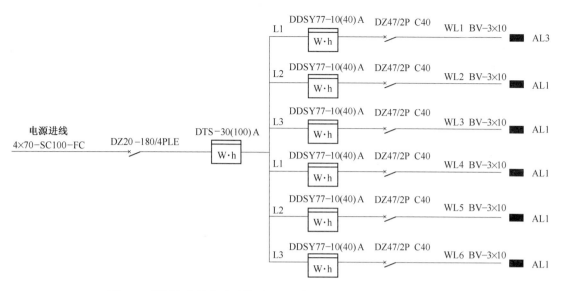

图 5-4 低压配电箱电路系统图一(总计量电能表直接接入进行计量)

其中,电源进线 4×70-SC100-FC 表示采用线芯截面积 70 mm² 的四芯护套电缆穿管径 100 的钢管埋地敷设;■AL1、
■AL3 表示分户照明配电箱;WL1 BV-3×10 表示第一电气回路,采用三芯聚氯乙烯 10 mm² 铜芯电线。

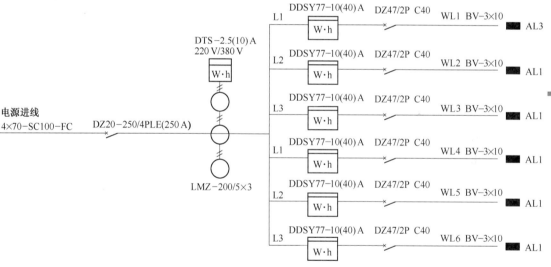

图 5-5 低压配电箱电路系统图二(总计量电能表通过互感器接入进行计量)

(2)按表 5-1 配齐所用的电气元件,并将电气元件的型号规格、数量填入表中。

表 5-1 电 气 元 件

序 号	名 称	型号规格	数 量	备 注
1	漏电断路器			
2	小型断路器			
3	三相电能表			
4	单相电能表			
5	电流互感器			

（3）选择配电箱：

①符合安全用电标准。

②根据所用电气元件的体积、数量和配线方式选择箱体的尺寸。

（4）固定安装电气元件。

电气元件布置图如图 5-6 所示，电气元件安装位置必须正确，应竖直安装。电路总开关通常固定在配电板的左侧；总开关与三相电能表一般为相邻结构，便于连线；分户表通常按顺序水平固定在配电板的右侧（若数量较多，也可以分两行安装）；分户开关通常对应安装在配电板最下端，便于出线。

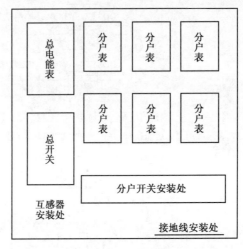

图 5-6　电气元件布置图

（5）根据电路系统图进行正确接线。

根据电气元件的接线端子类型，确定电气元件与导线之间的连接方式，对于多股铜芯导线的线头应搪锡处理。

三相电能表接线图如图 5-7、图 5-8 所示。图 5-7 是三相四线有功电能表直接接入计量接线图，图 5-8 是三相四线有功电能表经互感器接入计量接线图。

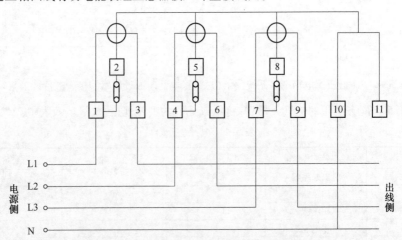

图 5-7　三相四线有功电能表直接接入计量接线图

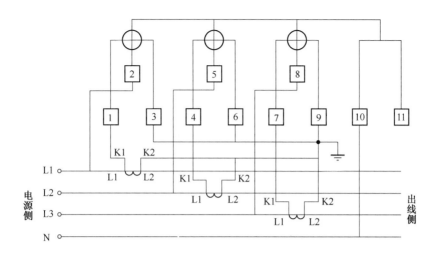

图 5-8　三相四线有功电能表经互感器接入计量接线图

单相电能表接线图如图 5-9 所示。

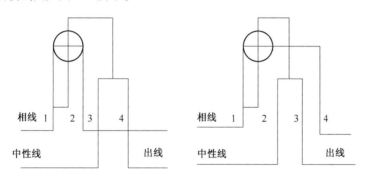

图 5-9　单相电能表接线图

单相电能表有四个接线端子,由左至右为 1、2、3、4。有两种接线方式:1、3 进线,2、4 出线或 1、2 进线,3、4 出线。具体采用哪种接线方式,要按照电能表端盖处接线图或使用说明书上接线图的要求进行接线。

五、注意事项

(1)安装前,应认真识读图样及电气元件的使用说明书。

(2)电气元件安装位置要正确,应符合安装工艺要求。

(3)配电箱内的接线应符合接线工艺要求。

(4)金属外壳的配电箱与安装底板必须可靠接地。

(5)各出线端应标明线路去向。

(6)安装结束,必须将配电箱内的杂物清理干净。

六、故障及处理记录

把故障及处理方法填入表 5-2 中。

表 5-2 故障及处理方法

故 障 现 象	原 因	处 理 方 法

七、评价

将实训评分结果填入表5-3中。

表 5-3 评 价 表

项目内容	配分	评 分 标 准	自评分	互评分	教师评分
装前检查	10	(1)表5-1的填写漏填或填错,每处扣2分; (2)元件漏检或错检,每个扣2分			
安装元件	20	(1)电气元件安装位置错误、不牢固、布置不整齐、不匀称、不合理,每个扣5分,漏装螺钉,每颗扣2分; (2)损坏元件,每个扣5~10分			
布线	30	(1)接点松动、反圈、导线露铜过长(露铜超过2 mm)、压绝缘层,接线耳选择不合理,接线错误,每处扣2分; (2)板前布线不平整、不紧贴安装面、通道多、不集中、有斜线、有交叉、架空线过长,每处扣2分; (3)板后布线不合理,导线长度不合适,每处扣2分			
通电试验	20	(1)操作顺序错误,每次扣10分; (2)通电正常,但不按电路图接线,扣10分; (3)第一次通电不成功扣10分,第二次通电不成功扣20分			
安全、文明操作	20	(1)违反操作规程,产生不安全因素,扣7~10分; (2)着装不规范,扣3~5分; (3)不主动整理工具、器材,工具和器材整理不规范,工作场地不整洁,扣5~10分; (4)不爱护工具设备,不节约能源、不节省材料,每项扣8~10分			
定额时间_____		开始时间:_____ 结束时间:_____ 按每超过5 min,扣2分计算			
		分数合计			
总评分 = 自评分×20% + 互评分×20% + 教师评分×60% =					

八、知识与技能拓展

DDSH1159型多用户电能表如图5-10所示。

图 5-10　DDSH1159 型多用户电能表

产品概述:

DDSH1159 型多用户电能表是采用微电子技术和 SMT 表面焊接工艺生产的高科技产品,它可对多达 39 户单相用电或 13 户三相用电集中检测,逐户循环显示,并可将各户的用电量由红外抄表器采集或通过数据集抄器实现计算机联网采集(联网方式有 485 总线、电力线载波及无线抄收等方式),产品完全符合 GB/T 17215.321—2008 标准。由于集中安装和管理,避免了用电管理人员上下楼抄表的烦恼,能有效防止窃电行为的发生,为电能计量的自动化、集中化、科学化提供了新手段。

功能特点:

(1)体积小、安装方便、工程费用较低。

(2)循环显示各户的用电量,显示清晰直观。

(3)具有红外抄表功能和计算机远程抄表功能。

(4)整机功耗低,低于一台机械式电能表的功耗。

(5)采用专用接线端子,双螺栓压线,使用安全可靠。

(6)同一块多用户电能表可同时提供三相输出和单相输出。

(7)通信电路设计稳定,能有效避免因雷击等因素造成的信号干扰。

(8)表壳一次冲压成形,密封性好,能够防止灰尘和滴水的侵入,并配有铅封。

(9)采用高精度电流互感器,发热量小,电气隔离效果好,超负荷能力强,使用寿命长。

(10)可根据用户要求提供通信接口函数,便于用户将电量信息融入到本单位的管理信息系统中。

模块四

安装与检修电力拖动控制线路

知识目标

(1) 理解判别三相异步电动机定子绕组首尾端原理。

(2) 掌握常用低压电器的符号、作用、安装接线，并理解电器的工作原理。

(3) 掌握绘制和识读电气原理图、布置图、接线图的原则与要求。

(4) 掌握电力拖动基本控制线路的工作原理。

(5) 熟知 CA6140 车床常见电气故障检修方法。

技能目标

(1) 会判别三相异步电动机定子绕组首尾端。

(2) 能正确拆卸、组装、检测电器。

(3) 能正确安装与检修电力拖动基本控制线路。

(4) 能正确检修 CA6140 车床电气控制线路。

判别三相异步电动机定子绕组首尾端

一、课题目标

知识目标

(1)了解三相异步电动机定子绕组构成的原则及绕组连接。
(2)理解判别三相异步电动机定子绕组首尾端原理。

技能目标

会判别三相异步电动机定子绕组首尾端。

二、相关知识

1. 三相异步电动机定子绕组构成的原则

(1)要求三相异步电动机绕组必须是对称分布的,各相绕组的导体(导线)数、并联支路数、导体的规格必须相同。

(2)每相绕组在定子内圆的空间位置上均匀分布,三相绕组在空间位置上分别相差120°电角度。

(3)每相绕组在定子内圆上的分布规律相同。

2. 星形联结与三角形联结

电动机每相绕组引出两个线头,接在电动机接线盒的接线柱上。U1、V1、W1 分别为三相绕组的首端,U2、V2、W2 分别为三相绕组的尾端。在与电源相接时,可根据情况将六个线头接成星形或三角形。三个尾端(或首端)连在一起,三个首端(或尾端)分别与三相电源相连接,称为星形联结,记为丫。三相绕组中每相绕组尾端与另一相绕组的首端依次连接,三个首端与三相电源相连,称为三角形联结,记为△。

电动机三相绕组星形、三角形联结示意图如图6-1所示。电动机接线盒的接线如图6-2所示。

3. 判别三相异步电动机定子绕组首尾端原理

判别三相异步电动机定子绕组首尾端原理示意图如图6-3所示。合上开关瞬间,电流从 U2 流进,从 U1 流出。U 相绕组中的电流产生一个方向向下的磁场(图中实线箭头所指),磁感应强度从无到有增加,根据楞次定律,V、W 两相绕组产生感应电流的磁场方向向上(图中虚线箭头所指)。再根据安培定则可判断 V、W 两相绕组产生感应电流从 V2、W2 流进,从 V1、W1 流出。若 V1、W1 接电流表正极,V2、W2 接电流表负极,表指针向右偏,反之,表指针向左偏。

(a)电动机三相绕组

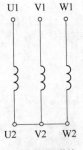
(b)绕组星形联结

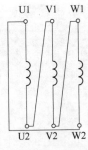
(c) 绕组三角形联结

图 6-1　电动机绕组联结示意图

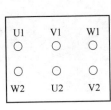
(a) 接线盒示意图

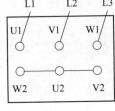
(b) 星形联结示意图

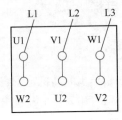
(c) 三角形联结示意图

图 6-2　电动机接线盒接线

三、工具、仪表及器材

(1)工具:螺钉旋具、尖嘴钳、剥线钳等。

(2)仪表:万用表。

(3)器材:三相异步电动机(拆除定子绕组出线端标记)、按钮开关、1 号电池一节、电池夹一个、编码绝缘套管、记号笔、导线等。

四、实训内容与步骤

(1)先用万用表电阻挡查明三相定子绕组各相的两个线头,并做好标记。

(2)将一相绕组接万用表的电流最小挡,另一相绕组接直流电源和开关,按图 6-4 所示电路接线。

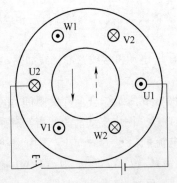

图 6-3　判别三相异步电动机定子绕组首尾端原理示意图

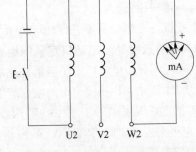

图 6-4　用万用表判别绕组首尾端

（3）注视万用表（微安挡）指针摆动的方向，按下按钮开关瞬间，若指针右偏，则接电池正极的线头与万用表负极所接的线头同为首端或尾端。若指针反偏，则接电池正极的线头与万用表正极所接的线头同为首端或尾端，并做好记录。

（4）再将万用表接另一相两个线头，进行测试，就可判别各相的首尾端。

（5）将操作过程填入表 6-1 中。

表 6-1　操作过程记录表

操　作　内　容	现　　象	结　　论

五、注意事项

（1）判别过程中，注意仔细观察开关闭合瞬间的现象，得出正确结论。

（2）首尾端判别好以后，一定要做好标记。

（3）特别注意各连接点的接触是否可靠，否则，容易造成误判。

六、故障及处理记录

把故障及处理方法填入表 6-2 中。

表 6-2　故障及处理方法

故　障　现　象	原　　因	处　理　方　法

七、评价

将实训评分结果填入表 6-3 中。

表 6-3　评　价　表

项目内容	配分	评　分　标　准	自评分	互评分	教师评分
仪表使用	20	（1）仪表使用方法不正确，扣 5~10 分； （2）损坏仪表，扣 20 分			
判别步骤	30	（1）不做标记，扣 5~10 分； （2）线路连接点的接触不可靠，扣 5~10 分； （3）判别步骤不全，扣 5~10 分			
判别结果	30	（1）各相绕组判断及标记错误，扣 5~10 分； （2）首尾端判别及标记错误，扣 10~20 分			

项目内容	配分	评 分 标 准	自评分	互评分	教师评分
安全、文明操作	20	(1)违反操作规程,产生不安全因素,扣7~10分; (2)着装不规范,扣3~5分; (3)不主动整理工具、器材,工具和器材整理不规范,工作场地不整洁,扣5~10分; (4)不爱护工具设备,不节约能源,不节省材料,每项扣8~10分			
定额时间_____		开始时间:_____结束时间:_____ 按每超过5 min扣5分计算			
		分数合计			
		总评分 = 自评分×20% + 互评分×20% + 教师评分×60% =			

八、知识与技能拓展

分析三相异步电动机绕组首尾端的判别还有哪些方法并进行讨论。

用发电法判别绕组首尾端:

(1)用万用表电阻挡查明三相绕组各相的两个线头。

(2)给各相绕组假设编号为 U1、U2,V1、V2 和 W1、W2。

(3)按图6-5所示电路接好线,用手转动电动机转子,如万用表(微安挡)指针不动(有时指针摆动幅度很小),则证明假设的编号是正确的;若指针有偏转(指针摆动幅度较大),说明其中有一相首尾端假设编号不对,应逐相对调重新测定,直至正确为止。

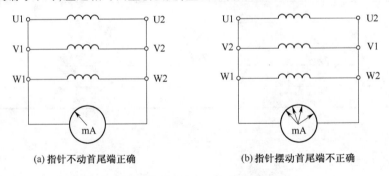

(a)指针不动首尾端正确 (b)指针摆动首尾端不正确

图6-5 发电法判别绕组首尾端

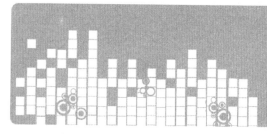

实训课题 七

拆装与检测常用低压电器

一、课题目标

知识目标

（1）掌握低压电器的符号、作用、安装接线。
（2）理解低压电器的工作原理。
（3）了解低压电器的选用。

技能目标

（1）会观察低压电器结构。
（2）能正确拆卸、组装、检测低压电器。

二、相关知识

低压电器通常是指工作在交流额定电压 1 200 V 以下、直流额定电压 1 500 V 以下的电器。

（一）三极组合开关

组合开关又称转换开关或旋转开关。HZ10-10/3 型三极组合开关外形及结构如图 7-1 所示。

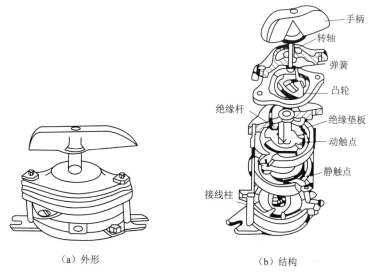

（a）外形　　　　　　　　　　（b）结构

图 7-1　三极组合开关外形及结构

（1）文字符号：QS。

（2）图形符号：三极组合开关图形符号如图7-2所示。

（3）作用：接通和断开电路。

（4）工作原理：当转动手柄时，带动三对动触点分别与三对静触点接触或分离，实现接通或分断电路。

（5）安装接线：安装三极组合开关的两个螺钉应在一条水平线上，手柄水平方向时为断开状态；手柄竖直方向时为接通状态。三极组合开关的同一层为一极，电源引线应接到上端，负载引线接到下端。

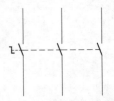

图7-2　三极组合开关
图形符号

（6）三极组合开关的选用：三极组合开关选用时，应根据线路的电压和电流进行选择。三极组合开关的额定电压不小于线路的电压，当用作设备电源隔离开关时，其额定电流稍大于或等于被控电路的负载电流；当用于直接控制电动机时，其额定电流应不小于电动机额定电流的 1.5 ~ 2.5 倍。

（二）低压断路器

低压断路器又称自动空气开关或自动空气断路器，简称断路器。几种低压断路器外形如图7-3所示。

图7-3　几种低压断路器外形

（1）文字符号：QF。

（2）图形符号：低压断路器图形符号如图7-4所示。

（3）作用：可用于不频繁地接通和断开电路以及控制电动机的运行。当电路中发生短路、过载和欠电压等故障时，能自动切断故障电路，保护线路和电气设备。

（4）工作原理：断路器的工作原理示意图如图7-5所示。断路器合上后，主触点闭合，当电路发生短路或严重过载时，由于电流过大，过电流脱扣器的衔铁吸合，推动杠杆将搭钩顶开，主触点在弹簧的作用下断开；当电路发生过载时，热脱扣器的热元件发热使双金属片发生弯曲，推动杠杆

图7-4　低压断路器
图形符号

将搭钩顶开，使主触点断开；当电路失电压或电压过低时，欠电压脱扣器的衔铁因吸力不足而释放，推动杠杆将搭钩顶开，使主触点断开。分励脱扣器用于远距离切断电路，当需要分断电路时，按下分断按钮，分励脱扣器线圈通电，衔铁吸合，推动杠杆将搭钩顶开，使主触点断开。

（5）安装接线：低压断路器应垂直配电板安装。电源引线应接到上端，负载引线接到下端。

（6）低压断路器选用：

①低压断路器的额定电压应不小于被保护电路的额定电压，欠电压脱扣器的额定电压等于被

保护电路的额定电压,分励脱扣器的额定电压等于被保护电路的额定电压。

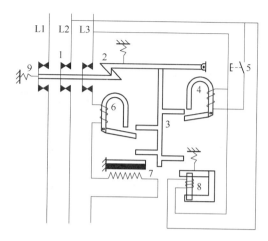

图 7-5　具有分励脱扣器的断路器工作原理示意图

1—主触点;2—搭钩;3—杠杆;4—分励脱扣器;5—分断按钮;6—过电流脱扣器;7—热脱扣器;8—欠电压脱扣器;9—弹簧

②低压断路器的壳架等级额定电流应不小于被保护电路的负载电流。

③低压断路器的额定电流不小于被保护电路的负载电流。用于保护电动机时,热脱扣器的整定电流应等于电动机额定电流;用于保护三相笼形异步电动机时,其过电流脱扣器整定电流等于电动机额定电流的 8 ~ 15 倍;用于保护三相绕线转子式异步电动机时,其过电流脱扣器整定电流等于电动机额定电流的 3 ~ 6 倍;用于控制照明电路时,其过电流脱扣器整定电流一般取负载电流的 6 倍。

(三)熔断器

RL1 系列螺旋式熔断器外形及结构如图 7-6 所示。RT18 系列圆筒形熔断器外形如图 7-7 所示。

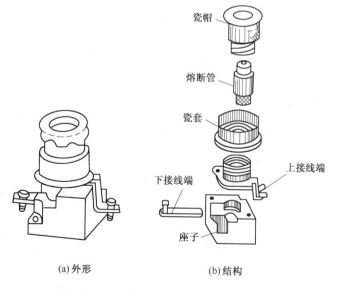

(a)外形　　　　(b)结构

图 7-6　RL1 系列螺旋式熔断器外形及结构

图 7-7　RT18 系列圆筒形熔断器外形

（1）文字符号：FU。

（2）图形符号：熔断器图形符号如图7-8所示。

（3）作用：短路或过载保护。

图7-8　熔断器图形符号

（4）工作原理：熔断器串联在被保护的电路中，当线路或用电设备发生短路或过载时，通过熔断器的电流超过某一规定值时，以其自身产生的热量使熔体熔断，分断电路。

（5）安装接线：熔断器的受电端子应安装在控制板的外侧，并使熔断器的受电端为底座的中心端（螺旋式）。

（6）熔断器的选用：

①熔断器额定电压应不小于线路的工作电压。

②熔断器的额定电流应不小于所装熔体的额定电流。

③熔体额定电流的选择：

a. 当熔断器保护电阻性负载时，熔体的额定电流 I_{RN} 等于或稍大于电路的工作电流。

b. 当熔断器保护一台电动机时，熔体的额定电流 I_{RN} 应不小于 $1.5 \sim 2.5$ 倍的电动机额定电流 I_N，即 $I_{RN} \geqslant (1.5 \sim 2.5)I_N$，轻载启动或启动时间短时，$I_{RN}$ 可取得小些；相反，若重载启动或启动时间长时，I_{RN} 可取得大些。

c. 当熔断器保护多台电动机时，熔体的额定电流 I_{RN} 可按下式计算，即

$$I_{RN} \geqslant (1.5 \sim 2.5)I_{MN} + \sum I_N$$

式中　I_{MN}——容量最大的电动机额定电流；

$\sum I_N$——其余电动机额定电流之和。

（四）交流接触器

交流接触器实际上是一种自动的电磁式开关。几种交流接触器外形如图7-9所示。交流接触器结构示意图如图7-10所示。

图7-9　几种交流接触器外形

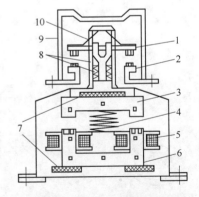

图7-10　交流接触器结构示意图
1—动触点；2—静触点；3—衔铁；4—弹簧；
5—线圈；6—铁芯；7—垫毡；8—触点弹簧；
9—灭弧罩；10—触点压力弹簧

（1）文字符号：KM。

（2）图形符号：交流接触器图形符号如图7-11所示。

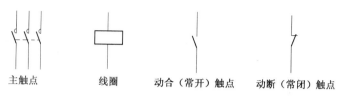

| 主触点 | 线圈 | 动合（常开）触点 | 动断（常闭）触点 |

图 7-11　交流接触器图形符号

（3）作用：接通或断开电路。

（4）工作原理：图 7-12 为交流接触器工作原理示意图。当接触器的线圈（6、7）通电后，线圈中流过的电流产生磁场，对衔铁产生足够大的吸力，克服反作用弹簧 10 的反作用力，将衔铁 9 吸合，两对动断触点（16、26 和 17、27）先断开，三对主触点（11、21，12、22，13、23）和两对动合触点（14、24 和 15、25）后闭合。当接触器线圈断电或电压显著下降时，由于电磁吸力消失或过小，衔铁在反作用弹簧的作用下释放，三对主触点（11、21，12、22，13、23）和两对动合触点（14、24 和 15、25）先断开，两对动断触点（16、26 和 17、27）后闭合。各触点恢复到原始状态。

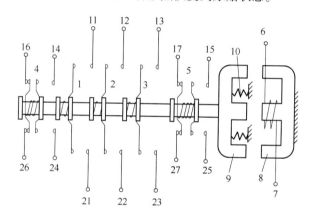

图 7-12　交流接触器工作原理示意图

（5）安装接线：交流接触器一般应安装在垂直面上，倾斜角度不得超过 5°。CJX1-16/22（3TB42）交流接触器接线图如图 7-13 所示。

（6）交流接触器的选用：

①接触器主触点的额定电压应不小于主触点所在线路的额定电压，主触点的额定电流应不小于主触点所在线路的额定电流。

②交流接触器线圈电压有 36 V、110 V、220 V、380 V 等。从人身安全的角度考虑，线圈电压可选择低一些，但当控制线路简单，为了节省变压器，可选用与电源电压相配套的线圈电压。

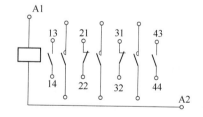

图 7-13　CJX1-16/22（3TB42）交流接触器接线图

③交流接触器的触点数量应满足辅助电路的要求，触点类型应满足辅助电路的功能要求。

（五）热继电器

几种热继电器外形如图 7-14 所示。JR36 系列热继电器结构示意图如图 7-15 所示。

（1）文字符号：FR。

模块四　安装与检修电力拖动控制线路

图 7-14　几种热继电器外形

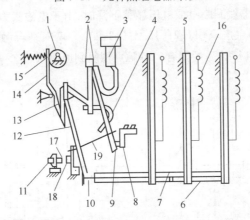

图 7-15　JR36 系列热继电器结构示意图

1—电流调节凸轮；2—片簧；3—手动复位按钮；4—弓簧片；5—主双金属片；6—下导板；
7—上导板；8—动断(常闭)静触点；9—动断(常闭)动触点；10—杠杆；11—复位调节螺钉；
12—补偿双金属片；13—推杆；14—连杆；15—压簧；16—加热元件；17—动合(常开)静触点；
18—动合(常开)动触点；19—推杆

（2）图形符号：热继电器图形符号如图 7-16 所示。

（3）作用：过载保护。

（4）工作原理：当电路过载时，流过热元件的电流超过热继电器的整定电流，热元件发热并使双金属片弯曲，通过机械联动机构将动断触点断开，切断控制电路，从而使主电路断开。

（5）安装接线：热继电器必须按照产品说明书中规定的方式安装。当与其他电器安装在一起时，应注意将热继电器安装在其他电器的下方，以免其动作特性受到其他电器发热的影响。JR36-20 热继电器接线图如图 7-17 所示。

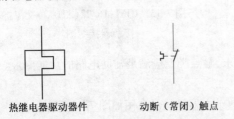

热继电器驱动器件　　　　动断（常闭）触点

图 7-16　热继电器图形符号

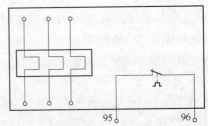

图 7-17　JR36-20 热继电器接线图

（6）热继电器的选用。热继电器的技术参数主要有额定电压、额定电流、整定电流和热元件规格，选用时，一般只考虑其额定电流和整定电流两个参数，其他参数只有在特殊要求时才考虑。

①热继电器的额定电压是指热继电器触点长期正常工作所能承受的最大电压，选用时额定电压不小于触点所在线路的额定电压。

②热继电器的额定电流是指热继电器允许装入热元件的最大额定电流，根据电动机的额定电流选择热继电器的规格，一般应使热继电器的额定电流略大于电动机的额定电流。

③整定电流是指长期通过热元件而热继电器不动作的最大电流。一般情况下，热元件的整定电流为电动机额定电流的 0.95～1.05 倍。

④当热继电器所保护的电动机定子绕组是Y接法时，可选用普通三相结构的热继电器；当电动机定子绕组是△接法时，必须采用三相结构带断相保护装置的热继电器。

（六）按钮

按钮（又称按钮开关）外形和组合按钮结构示意图如图 7-18 所示。

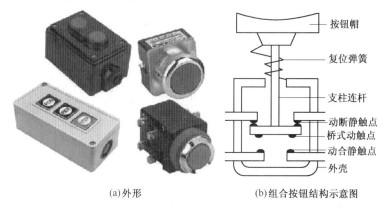

(a)外形　　　　　(b)组合按钮结构示意图

图 7-18　按钮外形和组合按钮结构示意图

（1）文字符号：SB。

（2）图形符号：按钮图形符号如图 7-19 所示。

动断（常闭）按钮　　　动合（常开）按钮　　　组合按钮

图 7-19　按钮图形符号

（3）作用：接通和断开电路。

（4）工作原理：组合按钮有两对触点，桥式动触点和上部两个静触点组成一对动断（常闭）触点，桥式动触点和下部两个静触点组成一对动合（常开）触点。按下按钮帽时，桥式动触点向下移动，先断开动断触点，后闭合动合触点。停按后，在弹簧作用下自动复位。

（5）安装接线：按钮安装在面板上时，应布置整齐，排列合理（如根据电动机启动的先后顺序，从上到下或从左到右排列），操作方便（如同一机床运动部件有几种不同的工作状态时，应使每一对相反状态的按钮安装在一组），牢固安全（如安装按钮的金属板或金属按钮盒必须可靠接地）。

LA18-22 接线图如图 7-20 所示。

（6）按钮的选用：

①根据使用场合，选择按钮的种类，如开启式、保护式、防水式和防腐式等。

②根据用途，选择合适的形式，如手把旋钮式、钥匙式、紧急式和带灯式等。

③根据控制回路的要求，选择不同按钮数，如单钮、双钮、三钮和多钮等。

④根据按钮在控制回路中所起作用，选择按钮的颜色。

⑤根据控制回路的额定电压和额定电流，选择按钮的额定电压和额定电流。

（七）时间继电器

JS7-A 系列时间继电器外形与结构如图 7-21 所示。JSZ3 系列时间继电器外形如图 7-22 所示。

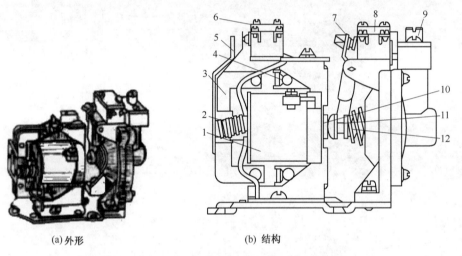

(a) 外形　　　　　　　　　　　　(b) 结构

图 7-21　JS7-A 系列时间继电器外形与结构

1—线圈；2—反作用弹簧；3—衔铁；4—铁芯；5—弹簧片；6—瞬时触点；

7—杠杆；8—延时触点；9—调节螺钉；10—推板；11—活塞杆；12—宝塔形弹簧

图 7-22　JSZ3 系列时间继电器外形

（1）文字符号：KT。

（2）图形符号:时间继电器图形符号如图 7-23 所示。

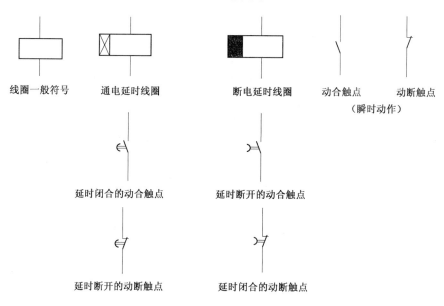

线圈一般符号　　通电延时线圈　　　断电延时线圈　　动合触点　　动断触点
　　　　　　　　　　　　　　　　　　　　　　　　　　　　　（瞬时动作）

延时闭合的动合触点　　延时断开的动合触点

延时断开的动断触点　　延时闭合的动断触点

图 7-23　时间继电器图形符号

（3）作用:延时接通或延时断开电路(瞬时触点没有延时作用)。

（4）工作原理:JS7-A 系列空气阻尼式时间继电器工作原理示意图如图 7-24 所示。

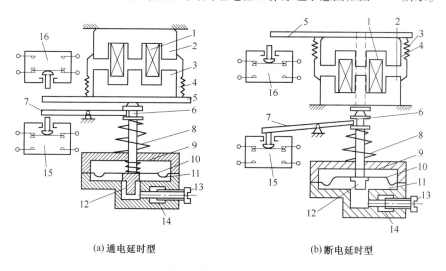

(a) 通电延时型　　　　　　　　　　　(b) 断电延时型

图 7-24　JS7-A 系列空气阻尼式时间继电器工作原理示意图

1—线圈;2—铁芯;3—衔铁;4—反力弹簧;5—推板;6—活塞杆;7—杠杆;8—塔形弹簧;9—弱弹簧;
10—橡皮膜;11—空气室;12—活塞;13—调节螺钉;14—进气孔;15、16—微动开关

　　通电延时型时间继电器的工作原理是[见图 7-24(a)]:当线圈通电后衔铁吸合,推板压动微动开关 16,使触点瞬时动作,活塞杆在塔形弹簧作用下带动活塞及橡皮膜向上移动,橡皮膜下方空气室空气变得稀薄,活塞杆只能缓慢移动,其移动速度由进气孔进气的快慢来决定。经一段时间延时后,活塞杆通过杠杆压动微动开关 15 使触点动作,达到延时目的。当线圈断电时,衔铁释放,

使活塞杆、杠杆、微动开关触点迅速复位。通过旋动调节螺钉改变进气孔气隙大小，从而改变延时时间的长短。通过改变电磁机构在时间继电器上的安装方向可以获得不同的延时方式（通电延时和断电延时）。

（5）安装接线：

①时间继电器安装时，无论是通电延时型还是断电延时型，都必须使时间继电器在断电释放时衔铁的运动方向垂直向下，以防止衔铁受重力作用而使时间继电器误动作。

②时间继电器的整定值，应预先在不通电时整定好，并在通电试车观察后按延时时间进一步校正。

③为了保证人身安全，时间继电器金属底板上的接地螺钉必须与接地线可靠连接。

JS7-2A 及 JSZ3 时间继电器接线图分别如图 7-25 及图 7-26 所示。

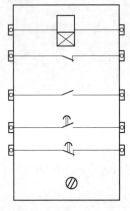
图7-25　JS7-2A 时间继电器接线图

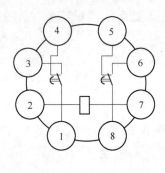
图7-26　JSZ3 时间继电器接线图

（6）时间继电器的选用：

①根据控制线路的延时范围和精度，选择时间继电器的类型和系列。在延时精度要求不高的场合，一般可选用空气阻尼式时间继电器（JS7-A 系列），对精度要求较高的场合，可选用电子式时间继电器。

②根据控制线路的要求选择时间继电器的延时方式（通电延时和断电延时），同时，还应考虑线路对瞬间动作触点的要求。

③根据控制线路的电压和电流选择时间继电器线圈、触点的额定电压和电流值。

三、工具、仪表及器材

（1）工具：螺钉旋具、尖嘴钳等。

（2）仪表：万用表。

（3）器材：电气元件。三极组合开关、低压断路器、螺旋式熔断器、交流接触器、热继电器、按钮、时间继电器等。

四、实训内容与步骤

（1）仔细观察低压电器，熟悉它们的型号、外形、结构、接线端子、安装接线。

（2）用万用表的电阻挡（R×1 挡），测量各对接线端子之间、触点之间的通断情况，分辨动合触点和动断触点。

（3）用万用表的电阻挡（R×100 挡），测量交流接触器、时间继电器线圈的直流电阻值。

（4）拆卸低压电器，认真研究其结构，理解工作原理。

（5）组装拆卸的低压电器，并检测组装是否正确。

（6）填写表7-1。

表7-1　实训所用低压电器

名称	文字符号	图形符号	作用	型号	线圈电阻值
三极组合开关					
低压断路器					
熔断器					
交流接触器					
热继电器					
按钮					
时间继电器					

五、注意事项

（1）在教师的讲解、示范和指导下，让学生对各种低压电器进行正确拆卸、组装和检测。

（2）正确使用工具和仪表。

（3）拆卸时，把零件及时放在盒子里，以防丢失零件。

（4）拆卸过程中，不允许硬撬，以防损坏低压电器。

（5）安全、文明操作。

六、故障及处理记录

把故障及处理方法填入表7-2中。

表7-2　故障及处理方法

故　障　现　象	原　因	处　理　方　法

七、评价

将实训评分结果填入表7-3中。

表 7-3　评　价　表

项目内容	配分	评分标准	自评分	互评分	教师评分
工具使用	5	工具使用不正确扣 2～5 分；			
仪表使用	10	(1)检测方法或结果有误,扣 2 分； (2)损坏仪表,扣 10 分			
低压电器拆装	20	(1)拆装方法不正确,扣 10 分； (2)损坏、丢失或漏装零件,扣 10 分			
观察低压电器结构	20	(1)不认真观察低压电器结构,扣 10 分； (2)不能理解低压电器工作原理,扣 5 分； (3)不知道如何接线,扣 5 分			
安全、文明操作	20	(1)违反操作规程,产生不安全因素,扣 7～10 分； (2)着装不规范,扣 3～5 分； (3)不主动整理工具、器材,工具和器材整理不规范,工作场地不整洁,扣 5～10 分； (4)不爱护工具设备,不节约能源,不节省材料,每项扣 8～10 分			
表格填写	25	表 7-1 的填写漏填或填错,每处扣 2～4 分			
定额时间_____		开始时间：_____　结束时间：_____ 按每超过 5 min 扣 5 分计算			
分数合计					
总评分 = 自评分 ×20％ + 互评分 ×20％ + 教师评分 ×60％ =					

八、知识与技能拓展

(1)通过网络或走访低压电器生产厂家、低压电器专卖店和使用低压电器的单位收集整理低压电器有关资料。

(2)低压电器的型号含义举例：

①三极组合开关：

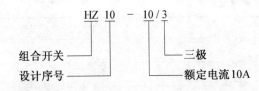

②螺旋式熔断器：

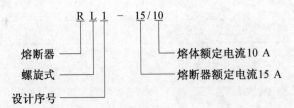

③交流接触器：

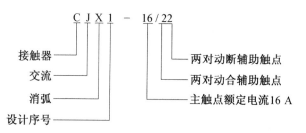

④热继电器：

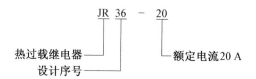

（JR36 系列热继电器具有断相保护、温度补偿、自动与手动复位等功能）

⑤按钮：

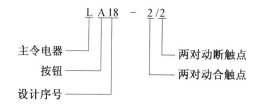

⑥时间继电器：

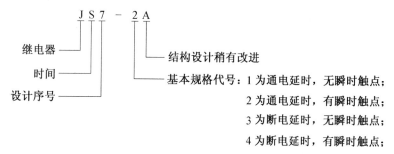

⑦断路器：

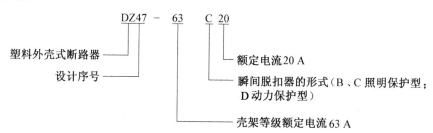

⑧时间热继电器：

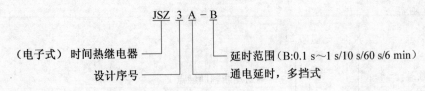

JSZ 3 A - B

（电子式）时间热继电器 ———

设计序号 ———

———— 延时范围（B:0.1 s～1 s/10 s/60 s/6 min）

———— 通电延时，多挡式

⑨热继电器：

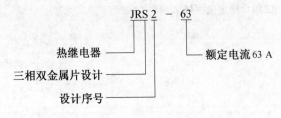

JRS 2 - 63

热继电器 ———

三相双金属片设计 ———

设计序号 ———

———— 额定电流 63 A

実训课题 **八**

安装与检修具有过载保护的自锁控制线路

一、课题目标

知识目标

(1)掌握绘制和识读电气原理图、布置图、接线图的原则与要求。

(2)掌握具有过载保护的自锁控制线路的原理图和工作原理。

(3)掌握自锁、自锁触点概念及作用。

(4)掌握欠电压保护、失电压(或零电压)保护、短路保护、过载保护、接地保护的概念及意义。

(5)掌握连续与点动混合正转控制线路的原理图和工作原理。

技能目标

能正确安装与检修具有过载保护的自锁控制线路。

二、相关知识

1. 电气原理图

电气原理图是指用国家统一规定的电气图形符号和文字符号表示电路中各个电气元件的连接关系和电气工作原理的一种简图。具有过载保护的自锁控制线路原理图如图 8-1 所示。

绘制、识读电气原理图的原则与要求：

(1)电气原理图可分为主电路和辅助电路两部分：

①主电路是指从电源到电动机的大电流的电路，其中电源开关画在水平方向上，受电动力设备(电动机)及控制、保护支路，应垂直于电源线画在电气原理图的左侧。主电路由电源开关、主熔断器、接触器的主触点、热继电器的驱动器件以及电动机组成，如图 8-2 所示。

②辅助电路一般包括控制电路、指示电路、照明电路等，并按照控制电路、指示电路和照明电路的顺序，依次垂直画在主电路的右侧，并且耗能元件(如接触器线圈)要画在电气原理图的下方，与下边电源线相连，而电器的触点要画在耗能元件与上边电源线之间，如图 8-2 所示(本线路辅助电路只有控制电路部分)。

(2)电气原理图中,电气元件采用国家统一规定的电气图形符号表示。同一电器的各元件不按它们的实际位置画在一起,而是按其在线路中所起的作用分别画在不同的电路中,但它们的动作是相互关联的,必须用同一文字符号标注(如图 8-2 所示,交流接触器的主触点画在主电路中,而交流接触器的线圈和动合触点画在控制电路中,但用同一文字符号 KM 标注。热继电器的驱动器件画在主电路中,而热继电器的动断触点画在控制电路中,但用同一文字符号 FR 标注)。

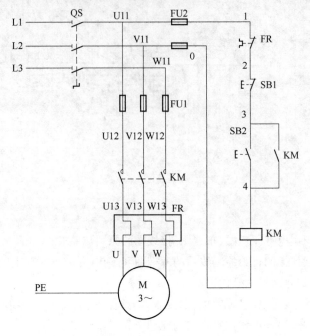

图 8-1　具有过载保护的自锁控制线路原理图

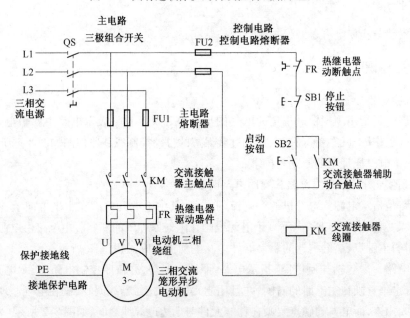

图 8-2　具有过载保护的自锁控制线路电气原理图组成

(3)各电器的触点位置都按电路未通电或电器未受外力作用时的位置画出。

(4)对电路中的几个电器只有通过导线相互连接的点用字母或数字编号(接点编号)。

①主电路在电源开关的出线端按相序依次编号为 U11、V11、W11,然后按从上至下的顺序,每

经过一个电气元件后,编号要递增,如图8-1所示。

②控制电路按从上至下、从左至右的顺序,用数字依次编号,每经过一个电气元件后,编号要依次递增,如图8-1所示。

2. 布置图

布置图是根据电气元件在控制板上的实际安装位置,采用简化的外形符号(如矩形、圆形等)绘制的一种简图。用于电气元件的布置和安装。具有过载保护的自锁控制线路电气元件布置图如图8-3所示。

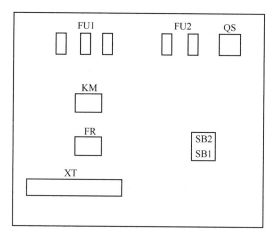

图8-3 具有过载保护的自锁控制线路电气元件布置图

绘制、识读布置图的原则与要求:

(1)布置图中各电器的文字符号,必须与电气原理图和接线图的标注一致。

(2)体积较大和较重的电器一般装在控制板(箱)的下方。

(3)熔断器一般装在上方,有发热元件的电器也应装在上方或装在易于散热的位置,并注意使感温元件和发热元件隔开。热继电器一般装在交流接触器的下方。

(4)电气元件布置时从安全(操作和维修安全、电气元件安全)、方便(操作、安装接线、线路的检查维修和故障排除方便)、元件性能、间距大小等因素考虑。例如,电源隔离开关在控制板的右上方,按钮在电源隔离开关下方,控制电路熔断器在主电路熔断器的右侧,主电路布线在左侧,控制主电路布线在右侧。

3. 接线图

接线图是根据电气设备和电气元件的实际位置和安装情况绘制的,它用来表示电气设备和电气元件的位置、配线方式和接线方式。用于安装接线、检查维修和故障处理。根据表达对象和用途不同,可分为单元接线图、互连接线图和端子接线图等。

绘制、识读接线图的原则与要求:

(1)各电气元件必须使用与电气原理图相同的图形和文字符号绘制。同一电器的各部分必须画在一起,并用点画线框上,其图形符号、文字符号和接线端子的编号必须与原理图相一致。

(2)不在同一控制柜、控制屏等控制单元上的电气元件之间的电气连接必须通过端子排。

(3)接线图中走线方向相同的导线可以合并,用线束来表示,连接导线应注明导线的规格(数量、截面积等)。若采用线管走线时,需留有一定数量的备用导线,还应注明线管的尺寸和材料。

要重视画接线图(安装接线、线路的检查维修和故障排除既快又正确),在画接线图时,可以适当调整电气元件位置,使布线更合理些。

4. 具有过载保护的自锁控制线路工作原理

具有过载保护的自锁控制线路原理图如图8-1所示。其工作原理如下:

先合上电源开关 QS。

松开 SB2,其动合触点恢复分断后,因为接触器的辅助动合触点闭合使控制电路仍保持接通状态,所以接触器继续通电,电动机持续运转。像这种当松开启动按钮 SB2 后,接触器 KM 通过自身辅助动合触点而使线圈保持得电的功能称为自锁。与启动按钮 SB2 并联起自锁功能的辅助动合触点称为自锁触点。

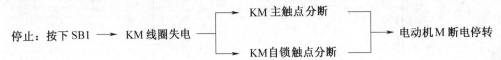

松开 SB1,其动断触点恢复闭合后,因接触器 KM 的自锁触点在按下 SB1 切断控制电路时已分断,解除自锁,SB2 也是分断的,所以接触器不能得电,电动机 M 也不会转动。要使电动机重新转动,只有进行第二次启动。

接触器自锁控制线路不但能使电动机连续运转,而且还具有欠电压和失电压(或零电压)保护作用。

(1)欠电压保护。欠电压保护是指当电源线路电压下降到某一数值时,电动机能自动断电停转,避免电动机在欠电压下运行的一种保护。

当电源线路电压下降到一定值时,接触器线圈两端的电压也同样下降到此值,使接触器线圈磁通减弱,产生的电磁吸力减小。当电磁吸力减小到小于反作用弹簧的弹力时,动铁芯被迫释放,主触点和自锁触点都分断,自动切断主电路和控制电路,电动机断电停转,起到了欠电压保护的作用。

(2)失电压(或零电压)保护。失电压保护是指电动机在正常运行中突然断电,能自动切断电动机电源;当重新得电时,保证电动机不能自行启动的一种保护。接触器自锁触点和主触点在电源断电时已经分断,使控制电路和主电路都不能接通,所以当重新得电时,电动机就不会启动运转,保护了人身和生产设备的安全。

三、工具、仪表及器材

(1)工具:螺钉旋具、尖嘴钳、剥线钳、斜口钳等。

(2)仪表:万用表、兆欧表。

(3)器材:控制板、导线、紧固件、电气元件。

电气元件的选择可根据实训车间具体情况及电器选择原则(见实训课题七有关内容)进行选择。将实训所选择的电气元件填入表8-1中。

表8-1 实训所用电气元件

符　号	名　　称	型　号	规　格	数　量
M	三相异步电动机			
QS	三极组合开关			
FU1	熔断器			
FU2	熔断器			
KM	交流接触器			
FR	热继电器			
SB1	按钮			
SB2	按钮			
XT	接线端子排			

四、实训内容与步骤

（1）画原理图，如图8-1所示。

（2）解释原理图中符号含义，分析线路的组成和保护功能。符号含义及线路的组成如图8-2所示。

本线路有五种保护功能：

熔断器起短路保护（保护线路及电气设备和电气元件）；热继电器起过载保护（保护电动机）；交流接触器起欠电压保护（保护电动机）和失电压（或零电压）保护（保护人身和生产设备安全）；保护接地线起接地保护（保护人身安全）。

（3）分析线路的工作原理。教师利用控制线路示教板，通电演示讲解线路的工作原理。

（4）按表8-1配齐所用电气元件，把电气元件的型号、规格、数量填入表中，并进行质量检验。

（5）设计电气元件布置图。电气元件布置图如图8-3所示（参考图）。

（6）画出电气元件接线图。电气元件接线图如图8-4所示（参考图）。

（7）在控制板上安装电气元件（参考教师安装的控制线路示教板）。

（8）按接线图进行布线（参考教师安装的控制线路示教板）。

板前明线布线的工艺要求（布线有板前明线布线、板前走线槽布线、板后布线）：

①走线通道尽可能少，同一通道中的导线按主、控电路分类集中，单层平行密排，并紧贴安装面。

②同一平面的导线应高低一致或前后一致，导线不能互压交叉。非交叉不可时，该根导线应在接线端子引出时，水平架空跨越，但空中线不能太长。

③布线应横平竖直，变换走向时应垂直，但不能把导线做成"死直角"（应该有个弧，其弧长为线芯直径的3～4倍），严禁损伤线芯和导线绝缘。

④布线顺序一般先控制电路，后主电路，以接触器为中心，由里向外，由低到高进行布线。

⑤导线与接线端子或接线柱连接时，不得压绝缘层、不反圈，露线芯不能超过2 mm。

⑥从一个接线端子到另一个接线端子的导线必须连续，中间无接头。

⑦在每根剥去绝缘层导线的两端套上编码管（如果线路简单可不套上编码管），编码与原理图接点编号一致。

⑧一个电气元件接线端子上的连接导线不得超过两根，每节接线端子排上的连接导线一般只允许连接一根。

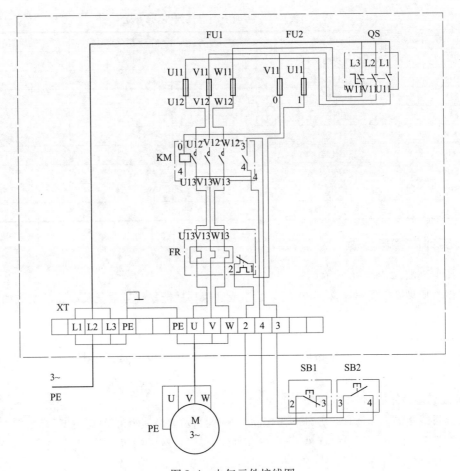

图 8-4　电气元件接线图

（9）自检控制板布线的正确性：

①按原理图或接线图检查接线的正确性、牢固性。按原理图或接线图从电源端开始，逐一核对接线及接线端子处线号是否正确，有无漏接、错接之处。检查导线接点是否符合要求，压接是否牢固。同时注意接点是否接触良好，以避免带负载运转时产生闪弧现象。

②用万用表检查线路的正确性及功能性。

控制电路检查：检查时，应选用倍率适当的电阻挡（R×100 挡），并欧姆调零。断开主电路熔断器，合上 QS，将表笔分别搭接在 L1、L2 线端上，读数应为∞。

a. 按下 SB2 不动，阻值为 KM 线圈直流电阻值。

b. 按下 KM 试验按钮（或触点架），阻值为 KM 线圈直流电阻值。

c. 按下 SB2 不动，再按 SB1，阻值为∞。

d. 按下 SB2 不动，再按 FR 复位按钮，阻值为∞。

主电路检查：断开控制电路熔断器，接通主电路熔断器，万用表电阻挡（R×1 挡），并欧姆调零，合上 QS，检查主电路有无开路或短路现象，此时，可用手动（按下 KM 试验按钮或触点架）来代替接触器通电进行检查。

a.用左手将表笔分别搭接端子排 L1、U 线端上，读数应为∞，按下 KM 试验按钮（或触点架），读数应为 0 Ω(L1-U 接通)。

  b.用左手将表笔分别搭接端子排 L2、V 线端上,读数应为∞,按下 KM 试验按钮(或触点架),读数应为 0 Ω(L2-V 接通)。

  c.用左手将表笔分别搭接端子排 L3、W 线端上,读数应为∞,按下 KM 试验按钮(或触点架),读数应为 0 Ω(L3-W 接通)。

  (10)用兆欧表检查线路的绝缘电阻应不得小于 1 MΩ。检查一般包括以下部位:导电部件(电器的金属外壳、底座、支架、铁芯等)对地;两个不同的电路之间(交流电路各相之间、主电路与控制电路之间)。

  (11)对控制板外部的电源线和接地线进行接线并检查其正确性。

  (12)空载试运行:

  ①为保证人身安全,在通电时,要认真执行安全操作规程的有关规定,一人监护,一人操作。

  ②通电前,必须征得教师的同意,并由教师接通三相电源,同时在现场监护。学生合上三极组合开关(电源隔离开关)QS 后,按下 SB2,观察接触器情况是否正常,是否符合线路功能要求,电气元件的动作是否灵活,有无卡阻及噪声过大等现象,若发现有异常现象,应立即按下 SB1 停止。

  ③出现故障后,学生应独立进行检修。若需带电检查时,教师必须在现场监护。

  ④通电空载试运行正常后,按 SB1 停车,旋转 QS 操作手柄切断电源,再断开通往接线端子排的三相电源。

  (13)将电动机连接到端子排上相应的位置。

  (14)通电试车。

  (15)通电试车完毕,按 SB1 停车,旋转 QS 操作手柄切断电源。先断开通往接线端子排的三相电源,再拆除电动机线。

五、注意事项

  (1)螺旋式熔断器的下接线端向上,上接线端向下(低进高出)。

  (2)三极组合开关两个固定螺钉水平安装,应使开关在断开状态时手柄处在水平位置。

  (3)交流接触器安装时,标记(标注)不能倒装。

  (4)对于装在控制板上的单个按钮的接线时,把线接在下接线端上,这样安全、污染轻。

  (5)不要把硬导线做成"死直角"(死直角时,会损伤导线绝缘层及线芯),应该有个弧,其弧长为线芯直径的 3~4 倍。

  (6)把每根导线做好后才能两端固定。

  (7)紧固螺钉时用力要适当,即将旋紧时,应采用"松—紧—松—紧"2~3 次把螺钉旋紧。

  (8)电动机及按钮的金属外壳必须可靠接地(金属网架安装板一定要接地)。

  (9)电动机应放平稳。

  (10)通电时必须在教师的监护下进行。

  (11)在右手食指按下启动按钮 SB2 的同时,左手食指放在停止按钮 SB1 的按钮帽上,以保证万一出现故障时,可立即按下 SB1 停车,防止事故的扩大。

六、故障及处理记录

  把故障及处理方法填入表 8-2 中。

表 8-2　故障及处理方法

故　障　现　象	原　　因	处　理　方　法

七、评价

将实训评分结果填入表 8-3 中。

表 8-3　评　价　表

项目内容	配分	评　分　标　准	自评分	互评分	教师评分
装前检查	10	(1)表 8-1 漏填或填错，每处扣 2 分； (2)电气元件漏检或错检每个扣 2 分			
安装元件	10	(1)电气元件安装错误、不牢固、布置不整齐、不匀称、不合理、漏装螺钉，每个扣 2 分； (2)损坏元件，每个扣 5～10 分			
布线	30	(1)接点松动、反圈、导线露铜过长(露铜超过 2 mm)、压绝缘层、导线与螺钉平压式接线柱连接不做成压接圈、接线错误，每处扣 2 分； (2)布线不平整、不紧贴安装面、通道多、不集中、有斜线、有交叉、架空线过长、主电路、控制电路不分类集中，每处扣 2 分； (3)把导线做成"死直角"，损伤导线绝缘或线芯，每根扣 5 分； (4)漏接接地线，扣 10 分； (5)试车正常，但不按电路图接线，扣 10 分			
通电试车	30	(1)热继电器电流整定值未整定，扣 5 分； (2)配错熔体，主电路、控制电路，各扣 5 分； (3)操作顺序错误，每次扣 10 分； (4)第一次试车不成功扣 20 分，第二次试车不成功扣 30 分			
安全、文明操作	20	(1)违反操作规程，产生不安全因素，扣 7～10 分； (2)着装不规范，扣 3～5 分； (3)不主动整理工具、器材，工具和器材整理不规范，工作场地不整洁，扣 5～10 分； (4)不爱护工具设备，不节约能源，不节省材料，每项扣 8～10 分			
定额时间＿＿＿＿		开始时间：＿＿＿＿结束时间：＿＿＿＿ 按每超过 5 min 扣 2 分计算			
分数合计					
总评分＝自评分×20％＋互评分×20％＋教师评分×60％＝					

八、知识与技能拓展

安装与检修连续与点动混合正转控制线路。

（1）电气原理图及工作原理。

连续与点动混合正转控制线路如图8-5所示。

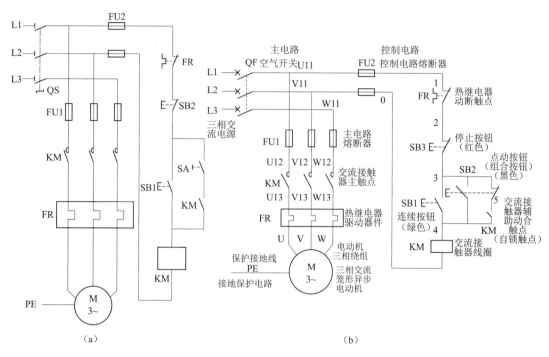

图8-5　连续与点动混合正转控制线路

机床设备在正常工作时，一般需要电动机处在连续运转状态。但在试车或调整刀具与工件的相对位置时，又需要电动机能点动控制，实现这种工艺要求的线路是连续与点动混合控制线路。

如图8-5（a）所示线路是在具有过载保护的接触器自锁正转控制线路的基础上，把手动开关SA串联在自锁电路中。当把SA闭合或打开时，就可实现电动机的连续控制或点动控制。

如图8-5（b）所示线路是在启动按钮SB1的两端并联一个组合按钮SB2来实现连续与点动混合正转控制的，SB2的动断触点应与KM自锁触点串联。线路的工作原理如下：先合上电源开关QF。

①连续控制：

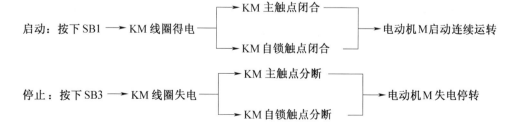

②点动控制：

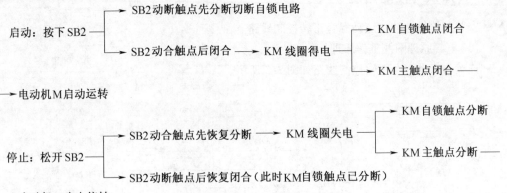

启动：按下 SB2 ━━┳━ SB2动断触点先分断切断自锁电路
　　　　　　　┗━ SB2动合触点后闭合 ━━→ KM 线圈得电 ━━┳━ KM自锁触点闭合
　　　　　　　　　　　　　　　　　　　　　　　　　　　┗━ KM主触点闭合 ━━

━━→ 电动机M启动运转

停止：松开 SB2 ━━┳━ SB2动合触点先恢复分断 ━━→ KM 线圈失电 ━━┳━ KM自锁触点分断
　　　　　　　┗━ SB2动断触点后恢复闭合（此时KM自锁触点已分断）　　┗━ KM主触点分断 ━━

━━→ 电动机M失电停转

(2)安装连续与点动混合正转控制线路[见图8-5(b)]。

(3)用万用表检查线路的正确性及功能性。

控制电路检查：检查时,应选用倍率适当的电阻挡(R×100 挡),并欧姆调零。断开主电路熔断器,合上 QF,将表笔分别搭接 L1、L2 线端上,读数应为∞。

①按下 SB1 不动,阻值为 KM 线圈直流电阻值。

②按下 KM 试验按钮(或触点架),阻值为 KM 线圈直流电阻值。

③按下 SB1 不动,再按 SB3,阻值为∞。

④按下 SB2 不动,阻值为 KM 线圈直流电阻值。

⑤按下 KM 试验按钮(或触点架),阻值为 KM 线圈直流电阻值,再慢慢按下 SB2,万用表读数变化是:阻值为∞(SB2 动断触点先断开),又变为 KM 线圈直流电阻值(SB2 动合触点后闭合)。

主电路检查：与具有过载保护的自锁控制线路主电路检查方法及步骤相同。

(4)对控制板外部的电源线和接地线进行接线并检查其正确性。

(5)将电动机连接到端子排上相应的位置。

(6)通电试车。

①为保证人身安全,在通电时,要认真执行安全操作规程的有关规定,一人监护,一人操作。

②通电前,必须征得教师的同意,并由指导教师接通三相电源,同时在现场监护。学生合上电源隔离开关 QF 后,按下 SB1,观察接触器情况是否正常,是否符合线路功能要求,电器元件的动作是否灵活,有无卡阻及噪声过大等现象,若发现有异常现象,应立即按下 SB3 停止。

③出现故障后,学生应独立进行检修。若需带电检查时,教师必须在现场监护。

(7)通电试车完毕,按下 SB3 停车,扳动 QF 操作手柄切断电源。先断开通往接线端子排的三相电源,再拆除电动机线。

(8)整理元件、工具、仪表、导线等,清理工作场所。

实训课题 九

安装与检修接触器联锁正反转控制线路

一、课题目标

知识目标

(1)掌握电动机正反转控制线路设计原理。
(2)掌握联锁的概念及联锁在正反转控制线路中的作用。
(3)掌握接触器联锁正反转控制线路的原理图和工作原理。

技能目标

能正确安装与检修接触器联锁正反转控制线路。

二、相关知识

1. 电动机正反转控制线路设计原理

有些工作台或运输台能够向正反两个方向运动。例如,生产机械工作台的上升与下降、前进与后退等,这些生产机械工作台正反两个方向的运动,可通过电动机的正反转来实现。

在电力拖动控制系统中,把接入电动机三相电源线中的任意两相对调,改变输入电动机的三相电源相序,就可改变电动机的旋转方向,正反转控制线路正是根据这个原理设计的。简单的控制线路是应用倒顺开关控制电动机正反转的,但只适用电动机容量小、正反转不甚频繁的场合。常见的是应用接触器联锁控制线路控制电动机正反转。改变输入电动机绕组的三相电源相序的示意图如图9-1所示。

2. 接触器联锁正反转控制线路

接触器联锁正反转控制线路原理图如图9-2所示。

为了避免KM1和KM2的主触点同时闭合造成电源两相(L1相和L3相)短路,在正、反转控制电路中分别串联了对方接触器的一对辅助动断触点,这样,当一个接触器得电时,其辅助动断触点先断开,使另一个接触器不能得电,接触器间这种相互制约的作用称为接触器联锁(或互锁)。实现联锁作用的辅助动断触点称为联锁触点(或互锁触点),联锁符号用"▽"表示。

线路的工作原理如下:

先合上电源开关QF。

正转控制:

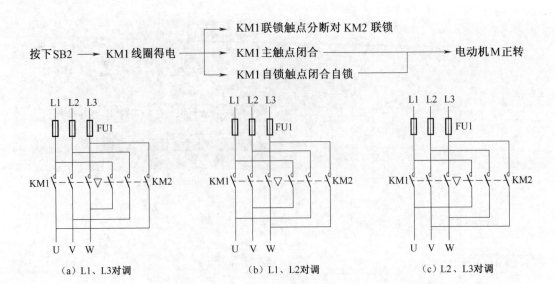

（a）L1、L3对调　　　　（b）L1、L2对调　　　　（c）L2、L3对调

图 9-1　改变输入电动机绕组的三相电源相序的示意图

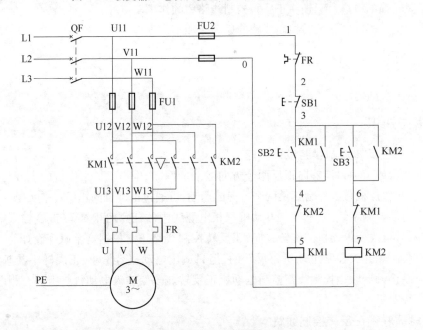

图 9-2　接触器联锁正反转控制线路原理图

反转控制：

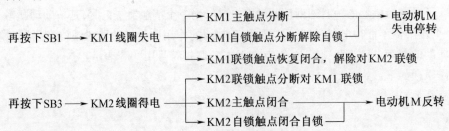

停止：

按下 SB1 ——→ 控制电路失电 ——→ KM1（或 KM2）主触点分断 ——→ 电动机 M 失电停转

三、工具、仪表及器材

（1）工具：螺钉旋具、尖嘴钳、剥线钳、斜口钳、压线钳等。

（2）仪表：万用表、兆欧表。

（3）器材：控制板、走线槽、导线、紧固件、导轨、针形和 U 形接线端子、绝缘编码套管、电气元件（见表 9-1）。

表 9-1　实训所用电气元件

符　号	名　　称	型　号	规　格	数　量
M	三相异步电动机			
QF	断路器			
FU1	熔断器			
FU2	熔断器			
KM1	交流接触器			
KM2	交流接触器			
FR	热继电器			
SB1	按钮			
SB2	按钮			
SB3	按钮			
XT	接线端子排			

四、实训内容与步骤

（1）画原理图，如图 9-2 所示。

（2）解释原理图中各符号含义，分析线路的组成和保护功能。

（3）分析线路的工作原理。教师利用控制线路示教板，通电演示讲解线路的工作原理。

（4）按表 9-1 配齐所用电气元件，把电气元件的型号、规格、数量填入表中，并进行质量检验。

（5）设计电气元件布置图。电气元件布置图如图 9-3 所示（参考图）。

（6）画出电气元件接线图。电气元件接线图如图 9-4 所示（参考图）。

（7）在控制板上安装电气元件和走线槽（参考教师安装的控制线路示教板）。

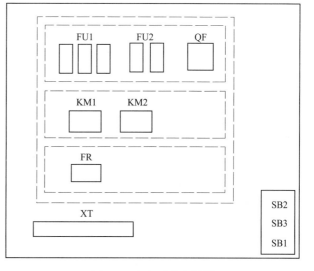

图 9-3　电气元件布置图

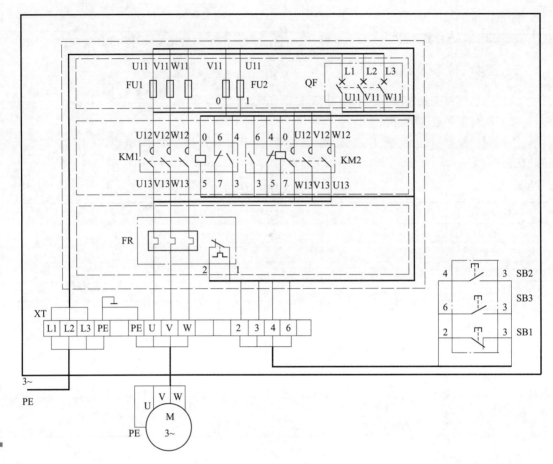

图 9-4　电气元件接线图

（8）按接线图进行布线（参考教师安装的控制线路示教板）。

板前走线槽布线的工艺要求：

①所有导线线头上都应套有与原理图上相应接点编号一致的编码套管。

②在导线端头穿上与导线截面积及元件接线端子形式相配套的针形或 U 形接线端子，并压紧。一般一个接线端子只能压接一根导线端头。导线端头与接线端子压接时，不压导线绝缘层，露线芯不能超过 2 mm。

③一个电气元件接线端子上的连接导线不得超过两根，元件接线端子与导线上的接线端子连接必须牢固。

④各电气元件接线端子引出导线的走向，以元件的水平中心线为界线，在水平中心线以上接线端子引出的导线，必须进入元件上面的走线槽；在水平中心线以下接线端子引出的导线，必须进入元件下面的走线槽。同一个电气元件同一侧的两个接线端子间距很小时可架空连接，导线不需经过走线槽。

⑤进入走线槽内的导线要完全置于走线槽内，及时梳理导线，尽可能避免缠绕交叉，线槽内的导线不得有接头，装线不超过线槽容量的 70%。

⑥各电气元件与走线槽之间的外露导线，应走线合理，尽可能把导线做成横平竖直。同一元

件上位置一致的端子和同型号电气元件中位置一致的端子上引出或引入的导线要在同一平面上，并应做到高低一致或前后一致，不得交叉。

⑦布线时，严禁损伤线芯和导线绝缘。

（9）自检控制板布线的正确性：

①按原理图或接线图检查接线的正确性、牢固性。按原理图或接线图从电源端开始，逐一核对接线及接线端子处线号是否正确，有无漏接、错接之处。检查导线接点是否符合要求，压接是否牢固，接点是否接触良好。

②用万用表检查线路的正确性及功能性。

控制电路检查：检查时，应选用倍率适当的电阻挡（R×100 挡），并欧姆调零。断开主电路熔断器，合上 QF，将表笔分别搭接在 L1、L2 线端上，读数应为∞。

a. 按下 SB2 不动，阻值为 KM1 线圈直流电阻值。

b. 按下 SB3 不动，阻值为 KM2 线圈直流电阻值。

c. 按下 KM1 试验按钮（或触点架），阻值为 KM1 线圈直流电阻值。

d. 按下 KM2 试验按钮（或触点架），阻值为 KM2 线圈直流电阻值。

e. 同时按下 KM1 和 KM2 试验按钮（或触点架），阻值为∞。

f. 按下 SB2 不动，再按 SB1，阻值为∞。

g. 按下 SB2 不动，再按 FR 复位按钮，阻值为∞。

主电路检查：断开控制电路熔断器，接通主电路熔断器，合上电源开关 QF，万用表电阻挡（R×1 挡），并欧姆调零，检查主电路有无开路或短路现象，此时，可用手动（按下 KM1 或 KM2 试验按钮或触点架）来代替接触器通电进行检查。

正转主电路检查：

（输入电动机三相绕组 U、V、W 的三相电源为 L1-U；L2-V；L3-W）

a.用左手将表笔分别搭接端子排 L1、U 线端上，读数应为∞，按下 KM1 试验按钮（或触点架），读数应为 0 Ω（L1-U 接通）。

b.用左手将表笔分别搭接端子排 L2、V 线端上，读数应为∞，按下 KM1 试验按钮（或触点架），读数应为 0 Ω（L2-V 接通）。

c.用左手将表笔分别搭接端子排 L3、W 线端上，读数应为∞，按下 KM1 试验按钮（或触点架），读数应为 0 Ω（L3-W 接通）。

反转主电路检查：

（输入电动机三相绕组 U、V、W 的三相电源变为 L1-W；L2-V；L3-U，即 L1 与 L3 对调）

a.用左手将表笔分别搭接端子排 L1、W 线端上，读数应为∞，按下 KM2 试验按钮（或触点架），读数应为 0 Ω（L1-W 接通）。

b.用左手将表笔分别搭接端子排 L2、V 线端上，读数应为∞，按下 KM2 试验按钮（或触点架），读数应为 0 Ω（L2-V 接通）。

c.用左手将表笔分别搭接端子排 L3、U 线端上，读数应为∞，按下 KM2 试验按钮（或触点架），读数应为 0 Ω（L3-U 接通）。

（10）用兆欧表检查线路的绝缘电阻应不得小于 1 MΩ。检查一般包括以下部位：导电部件（电器的金属外壳、底座、支架、铁芯等）对地；两个不同的电路之间（交流电路各相之间、主电路与控制电路之间)。

(11)对控制板外部的电源线和接地线进行接线并检查其正确性。

(12)空载试运行:

①为保证人身安全,在通电时,要认真执行安全操作规程的有关规定,一人监护,一人操作。

②通电前,必须征得教师的同意,并由教师接通三相电源,同时在现场监护。学生合上电源隔离开关 QF 后,按下 SB2(或 SB3),观察接触器情况是否正常,是否符合线路功能要求,电气元件的动作是否灵活,有无卡阻及噪声过大等现象,若发现有异常现象,应立即按下 SB1 停止。

③出现故障后,学生应独立进行检修。若需带电检查时,教师必须在现场监护。

④按下 SB2 后,电动机正转,再按下 SB3,观察有无联锁作用。

⑤通电空载试运行正常后,按下 SB1 停车,先扳动 QF 操作手柄切断电源,再断开通往接线端子排的三相电源。

(13)将电动机连接到接线端子排上相应的位置。

(14)通电试车。

(15)通电试车完毕,按下 SB1 停车,扳动 QF 操作手柄切断电源。先断开通往接线端子排的三相电源,再拆除电动机线。

五、注意事项

(1)见实训课题八注意事项(1)、(3)和(7)~(10)。

(2)连接 KM1 和 KM2 主触点的六根线接线必须正确,否则不能换相或主电路中两相电源短路。

(3)接触器的联锁触点接线必须正确,否则将会造成主电路中两相电源短路事故。

(4)电动机应放平稳,防止在可逆运转时产生滚动事故。

(5)安装断路器的导轨四个角磨圆滑些,防止在布线或安装断路器时刺伤手。

六、故障及处理记录

把故障及处理方法填入表9-2中。

表9-2　故障及处理方法

故　障　现　象	原　　因	处　理　方　法

七、评价

将实训评分结果填入表9-3中。

表 9-3 评 价 表

项目内容	配分	评 分 标 准	自评分	互评分	教师评分
装前检查	10	(1)表9-1漏填或错填,每处扣2分; (2)电气元件漏检或错检,每个扣2分			
安装元件	10	(1)电气元件安装错误、不牢固、布置不整齐、不匀称、不合理、漏装螺钉,每个扣2分; (2)损坏元件,每个扣5~10分			
布线	30	(1)接点松动、导线露铜过长(露铜超过2 mm)、压绝缘层、接线错误,每处扣2分; (2)压接线端子不规范,漏装或套错编码管,每处扣2分; (3)损伤导线绝缘或线芯,每根扣5分; (4)漏接接地线,扣10分; (5)试车正常,但不按电路图接线,扣10分			
通电试车	30	(1)热继电器电流整定值未整定,扣5分; (2)配错熔体,主电路、控制电路,各扣5分; (3)操作顺序错误,每次扣10分; (4)第一次试车不成功扣20分,第二次试车不成功扣30分			
安全、文明操作	20	(1)违反操作规程,产生不安全因素,扣7~10分; (2)着装不规范,扣3~5分; (3)不主动整理工具、器材,工具和器材整理不规范,工作场地不整洁,扣5~10分; (4)不爱护工具设备,不节约能源,不节省材料,每项扣8~10分			
定额时间_____		开始时间:_____结束时间:_____ 按每超过5 min扣2分计算			
		分数合计			
		总评分 = 自评分×20% + 互评分×20% + 教师评分×60% =			

八、知识与技能拓展

(一)按钮联锁的正反转控制线路

按钮联锁的正反转控制线路原理图如图9-5所示。按钮联锁的正反转控制线路克服了接触器联锁的正反转控制线路操作不方便的缺点,电动机从正转变为反转时,可直接按下SB3实现反转,而不必须先按下停止按钮SB1后,再按下SB3。

按钮联锁的正反转控制线路的工作原理请读者自行分析。

(二)安装与检修两台电动机顺序启动、逆序停止控制线路

(1)电气原理图及工作原理。两台电动机顺序启动、逆序停止控制线路原理图如图9-6所示。

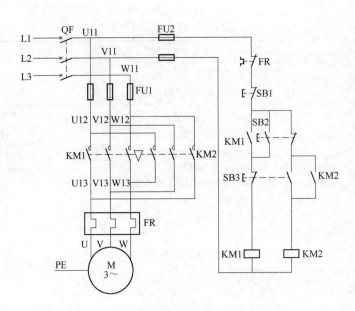

图 9-5　按钮联锁的正反转控制线路原理图

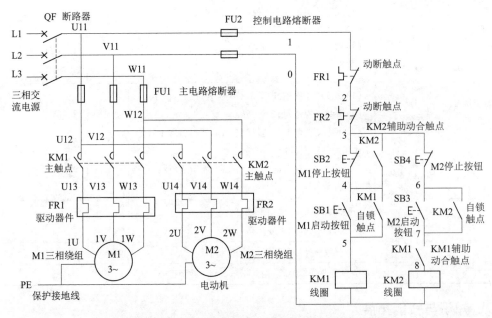

图 9-6　两台电动机顺序启动、逆序停止控制线路原理图

　　几台电动机的启动或停止按一定的先后顺序来完成的控制称电动机的顺序控制。图中电动机 M2 的控制电路中串联了 KM1 的辅助动合触点，电动机 M1 的控制电路中的停止按钮 SB2 两端并联了 KM2 的辅助动合触点，从而实现 M1 启动后 M2 才能启动、M2 停止后 M1 才能停止的控制要求，即 M1、M2 是顺序启动，逆序停止。

　　线路的工作原理如下：

　　先合上电源开关 QF。

　　M1、M2 顺序启动（M1 启动后，M2 才能启动）：

按下SB1 → KM1线圈得电 → ┌ KM1辅助动合触点闭合
　　　　　　　　　　　　├ KM1主触点闭合 ────→ 电动机M1启动运转
　　　　　　　　　　　　└ KM1自锁触点闭合自锁

按下SB3 → KM2线圈得电 → ┌ KM2辅助动合触点闭合
　　　　　　　　　　　　├ KM2主触点闭合 ────→ 电动机M2启动运转
　　　　　　　　　　　　└ KM2自锁触点闭合自锁

M1、M2 逆序停止(M2 停止后,M1 才能停止):

按下SB4 → KM2线圈失电 → ┌ KM2辅助动合触点分断
　　　　　　　　　　　　├ KM2主触点分断 ────→ 电动机M2失电停转
　　　　　　　　　　　　└ KM2自锁触点分断

按下SB2 → KM1线圈失电 → ┌ KM1辅助动合触点分断
　　　　　　　　　　　　├ KM1主触点分断 ────→ 电动机M1失电停转
　　　　　　　　　　　　└ KM1自锁触点分断

(2)电气元件布置图。电气元件布置图如图 9-7 所示(参考图)。

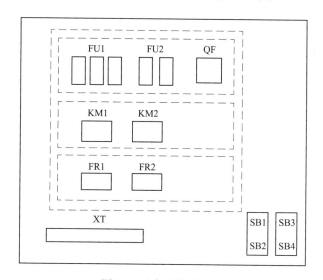

图 9-7　电气元件布置图

(3)电气元件接线图。电气元件接线图如图 9-8 所示(参考图)。

(4)选择、检验、安装电气元件。

(5)布线。

(6)用万用表检查线路的正确性及功能性。

控制电路检查:检查时,应选用倍率适当的电阻挡(R×100 挡),并欧姆调零。断开主电路熔断器,合上 QF,表笔分别搭接在 L1、L2 线端上,读数应为∞。

①按下 SB1 不动,阻值为 KM1 线圈直流电阻值。

②按下 SB1 不动,再按 SB2,阻值为∞;按下 SB1、SB2 不动,再按 KM2 试验按钮,阻值为 KM1 线圈直流电阻值。

③按下 KM1 试验按钮(或触点架),阻值为 KM1 线圈直流电阻值。

④按下 KM1 试验按钮(或触点架),再按 SB3,阻值为 KM1、KM2 线圈直流电阻并联值。

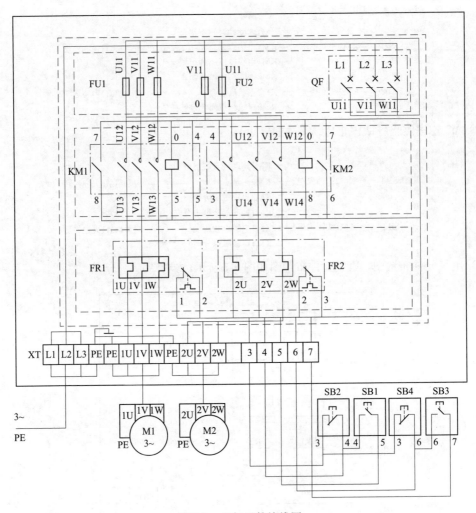

图 9-8　电气元件接线图

⑤按下 KM1 试验按钮（或触点架）及 SB3 不动，再按 SB4，阻值为 KM1 线圈直流电阻值。

⑥同时按下 KM1 和 KM2 试验按钮（或触点架），阻值为 KM1、KM2 线圈直流电阻并联值。

主电路检查：断开控制电路熔断器，接通主电路熔断器，合上电源开关 QF，万用表电阻挡（R×1 挡），并欧姆调零检查主电路有无开路或短路现象，此时，可用手动（按下 KM1 或 KM2 试验按钮或触点架）来代替接触器通电进行检查。

M1 主电路检查：

①用左手将表笔分别搭接端子排 L1、1U 线端上，读数应为 ∞，按下 KM1 试验按钮（或触点架），读数应为 0 Ω（L1-1U 接通）。

②用左手将表笔分别搭接端子排 L2、1V 线端上，读数应为 ∞，按下 KM1 试验按钮（或触点架），读数应为 0 Ω（L2-1V 接通）。

③用左手将表笔分别搭接端子排 L3、1W 线端上，读数应为 ∞，按下 KM1 试验按钮（或触点架），读数应为 0 Ω（L3-1W 接通）。

M2 主电路检查：

①用左手将表笔分别搭接端子排 L1、2U 线端上，读数应为 ∞，按下 KM2 试验按钮（或触点架），读数应为 0 Ω（L1-2U 接通）。

②用左手将表笔分别搭接端子排 L2、2V 线端上，读数应为 ∞，按下 KM2 试验按钮（或触点架），读数应为 0 Ω（L2-2V 接通）。

③用左手将表笔分别搭接端子排 L3、2W 线端上，读数应为 ∞，按下 KM2 试验按钮（或触点架），读数应为 0 Ω（L3-2W 接通）。

（7）对控制板外部的电源线和接地线进行接线并检查其正确性。

（8）将电动机连接到端子排上相应的位置。

（9）通电试车。

①通电试车前，应熟悉线路的操作顺序，即先合上电源开关 QF，然后按下 SB1 后再按下 SB3 实现顺序启动；按下 SB4 后再按下 SB2 实现逆序停止。

②通电试车时，注意观察电动机、各电器元件及线路各部分工作是否正常，若发现异常情况，应立即切断电源开关 QF，以免慌乱中按下停止按钮 SB2，延误停车时间，造成不必要的损失或危险事故。

（10）通电试车完毕，按下 SB4，电动机 M2 失电停转。再按下 SB2，电动机 M1 失电停转。扳动 QF 操作手柄切断电源。先断开通往接线端子排的三相电源，再拆除电动机线。

（11）整理元件、工具、仪表、导线等，清理工作场所。

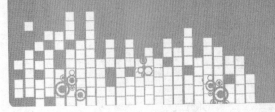

実訓课题 **十**

安装与检修双重联锁正反转控制线路

一、课题目标

知识目标

（1）理解接触器与按钮双重联锁正反转控制线路的特点。

（2）掌握双重联锁正反转控制线路的原理图和工作原理。

（3）了解工作台自动往返控制线路、电动葫芦控制线路的原理图和工作原理。

技能目标

能正确安装与检修双重联锁正反转控制线路。

二、相关知识

1. 接触器与按钮双重联锁正反转控制线路的特点

接触器联锁正反转控制线路中，电动机从正转变为反转时，必须先按下停止按钮后，才能按反转启动按钮，否则由于接触器的联锁作用，不能实现反转。因此，线路工作安全可靠，但操作不便。如果把正转按钮 SB2 和反转按钮 SB3 换成两个组合按钮，并把两个组合按钮的动断触点也串联在对方的控制线路中，构成如图 10-1 所示的按钮和接触器双重联锁正反转控制线路，就能克服接触器联锁正反转控制线路操作不便的缺点，使线路操作方便，工作安全可靠。

2. 接触器与按钮双重联锁正反转控制线路

接触器与按钮双重联锁正反转控制线路原理图如图 10-1 所示。

线路的工作原理如下：

先合上电源开关 QF。

正转控制：

反转控制：

按下SB3 ─┬─→ SB3动断触点先分断 ──→ KM1线圈失电 ─┬─→ KM1主触点分断 ──┬─→ 电动机M失电
         │   ├─→ KM1自锁触点分断 ─┘
         │   └─→ KM1联锁触点闭合
         │
         └─→ SB3动合触点后闭合 ──→ KM2线圈得电 ─┬─→ KM2联锁触点分断对KM1联锁
                                              ├─→ KM2主触点闭合 ──┬─→ 电动机M反转
                                              └─→ KM2自锁触点 ──┘
                                                  闭合自锁

停止：

按下 SB1 ──→ 整个控制电路失电 ──→ KM1（或 KM2）线圈失电 ──→ 主触点分断 ──→ 电动机 M 失电
停转

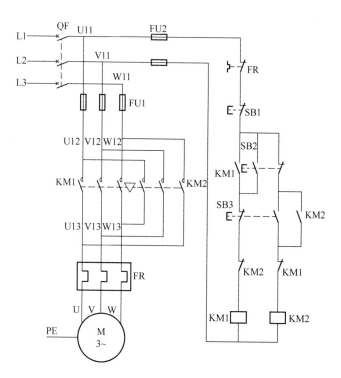

图 10-1　双重联锁正反转控制线路原理图

三、工具、仪表及器材

（1）工具：螺钉旋具、尖嘴钳、剥线钳、斜口钳、压线钳等。

（2）仪表：万用表、兆欧表。

（3）器材：控制板、走线槽、导线、紧固件、导轨、针形和 U 形接线端子、绝缘编码套管、电气元件(见表10-1)。

表10-1 实训所用电气元件

符 号	名 称	型 号	规 格	数 量
M	三相异步电动机			
QF	断路器			
FU1	熔断器			
FU2	熔断器			
KM1	交流接触器			
KM2	交流接触器			
FR	热继电器			
SB1	按钮			
SB2	组合按钮			
SB3	组合按钮			
XT	接线端子排			

四、实训内容与步骤

(1)画原理图,如图10-1所示。对电路中的各个接点进行编号。

(2)解释原理图中符号含义及电气元件的作用。

(3)分析线路的工作原理。教师利用控制线路示教板,通电演示讲解线路的工作原理。

(4)按表10-1配齐所用电气元件,把电气元件的型号、规格、数量填入表中,并进行质量检验。

(5)设计电气元件布置图。与实训课题九电气元件布置图相同。

(6)画出电气元件接线图。电气元件控制电路接线图如图10-2所示(参考图)。

(7)在控制板上安装电气元件和走线槽(参考教师安装的控制线路示教板)。

(8)按接线图进行布线(参考教师安装的控制线路示教板)。

(9)自检控制板布线的正确性:

①按电路图或接线图检查接线的正确性、牢固性。按原理图或接线图从电源端开始,逐一核对接线及接线端子处线号是否正确,有无漏接、错接之处。检查导线接点是否符合要求,压接是否牢固,接点是否接触良好。组合按钮动合、动断触点接线是否正确。

②用万用表检查线路的正确性及功能性。

控制电路检查:检查时,应选用倍率适当的电阻挡(R×100挡),并欧姆调零。断开主电路熔断器,合上QF,将表笔分别搭接在L1、L2线端上,读数应为∞。

a. 按下SB2不动,阻值为KM1线圈直流电阻值,再按下SB3,阻值为∞。

b. 按下SB3不动,阻值为KM2线圈直流电阻值,再按下SB2,阻值为∞。

c. 按下KM1试验按钮(或触点架),阻值为KM1线圈直流电阻值。

d. 按下KM2试验按钮(或触点架),阻值为KM2线圈直流电阻值。

e. 同时按下KM1和KM2试验按钮(或触点架),阻值为∞。

f. 按下SB2不动,再按下SB1,阻值为∞。

g. 按下 SB2 不动,再按 FR 复位按钮,阻值为 ∞ 。

主电路检查:与实训课题九相同。

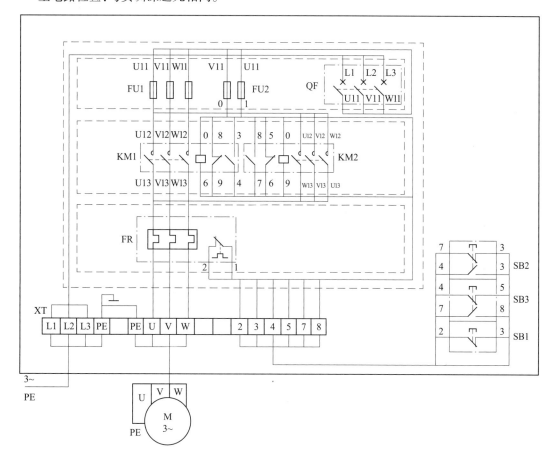

图 10-2　电气元件接线图

(10)用兆欧表检查线路的绝缘电阻,不得小于 1 MΩ。

(11)对控制板外部的电源线和接地线进行接线并检查其正确性。

(12)空载试运行。

(13)将电动机连接到端子排上相应的位置。

(14)通电试车。

(15)通电试车完毕,按下 SB1 停车,扳动 QF 操作手柄切断电源。先断开通往接线端子排的三相电源,再拆除电动机线。

五、注意事项

(1)见实训课题九注意事项。

(2)组合按钮动合、动断触点接线必须正确。

六、故障及处理记录

把故障及处理方法填入表 10-2 中。

模块四　安装与检修电力拖动控制线路

表 10-2 故障及处理方法

故 障 现 象	原 因	处 理 方 法

七、评价

将实训评分结果填入表 10-3 中。

表 10-3 评 价 表

项目内容	配分	评分标准	自评分	互评分	教师评分
装前检查	10	(1)表 10-1 漏填或填错，每处扣 2 分； (2)电气元件漏检或错检，每个扣 2 分			
安装元件	10	(1)电气元件安装错误、不牢固、布置不整齐、不匀称、不合理、漏装螺钉，每个扣 2 分； (2)损坏元件，每个扣 5 ~ 10 分			
布线	30	(1)接点松动、导线露铜过长(露铜超过 2 mm)、压绝缘层、接线错误，每处扣 2 分； (2)压接线端子不规范，漏装或套错编码管，每处扣 2 分； (3)损伤导线绝缘或线芯，每根扣 5 分； (4)漏接接地线，扣 10 分； (5)试车正常，但不按电路图接线，扣 10 分			
通电试车	30	(1)热继电器整定电流未整定，扣 5 分； (2)配错熔体、主电路、控制电路，各扣 5 分； (3)操作顺序错误，每次扣 10 分； (4)第一次试车不成功扣 20 分，第二次试车不成功扣 30 分			
安全、文明操作	20	(1)违反操作规程，产生不安全因素，扣 7 ~ 10 分； (2)着装不规范，扣 3 ~ 5 分； (3)不主动整理工具、器材，工具和器材整理不规范，工作场地不清洁，扣 5 ~ 10 分			
定额时间_____		开始时间：_____ 结束时间：_____ 按每超过 5 min 扣 2 分计算			
分数合计					
总评分 = 自评分 ×20% + 互评分 ×20% + 教师评分 ×60% =					

八、知识与技能拓展

1. 行程开关

行程开关是一种利用生产机械某些运动部件的碰撞来发出控制指令的主令电器。主要用于控制生产机械的运动方向、行程大小或位置，是一种自动控制电器。

行程开关的作用原理与按钮相同，区别在于它不是靠手指的按压，而是利用生产机械运动部件的碰压使其触点动作，从而将机械信号转变为电信号，使运动机械按一定的位置或行程实现自动停止、反向运动、自动往返运动等。

行程开关的图形与文字符号及外形如图 10-3 和图 10-4 所示。

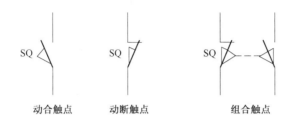

动合触点　　　　动断触点　　　　组合触点

图 10-3　行程开关的图形与文字符号

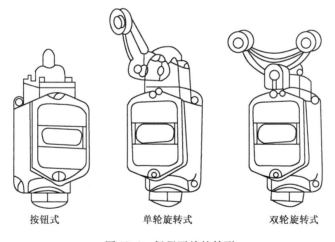

按钮式　　　　单轮旋转式　　　　双轮旋转式

图 10-4　行程开关的外形

2. 工作台自动往返控制线路

由行程开关控制的工作台自动往返控制线路如图 10-5 所示。从图下方工作台自动往返示意图可知，在机床床身上装有四个行程开关：SQ1 和 SQ2 行程开关用来实现工作台的自动往返；SQ3 和 SQ4 行程开关用来作为两端的终端保护，以防止 SQ1 或 SQ2 失灵，工作台越过限定位置而造成事故。在工作台边上装有挡铁，挡铁 1 只能与 SQ1 和 SQ3 碰撞，挡铁 2 只能与 SQ2 和 SQ4 碰撞。挡铁碰上行程开关后，工作台能停止运动并换向，使工作台做往返运动。往返行程可通过移动挡铁在工作台上的位置来调节。

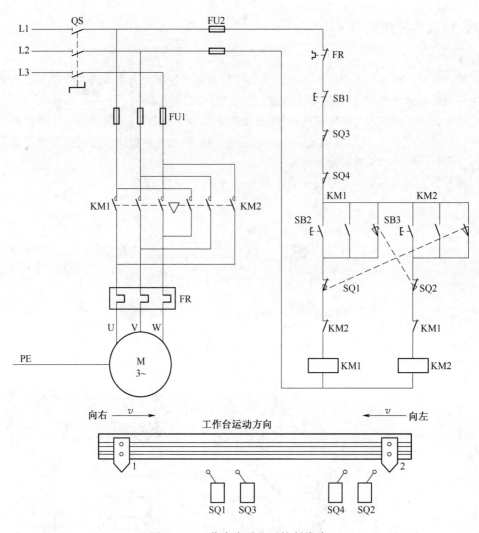

图 10-5　工作台自动往返控制线路

线路的工作原理如下：

先合上 QS。

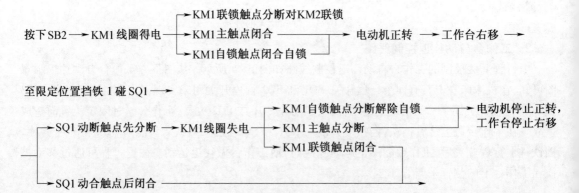

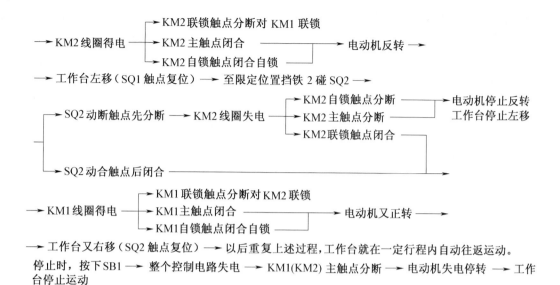

→ KM2线圈得电 ──┬─→ KM2联锁触点分断对 KM1 联锁
　　　　　　　　├─→ KM2 主触点闭合 ────────┬─→ 电动机反转 →
　　　　　　　　└─→ KM2自锁触点闭合自锁 ────┘

→ 工作台左移（SQ1触点复位）→ 至限定位置挡铁 2 碰 SQ2 →

──┬─→ SQ2动断触点先分断 ─→ KM2 线圈失电 ──┬─→ KM2自锁触点分断 ──┬─→ 电动机停止反转
　│　　　　　　　　　　　　　　　　　　　　　├─→ KM2主触点分断 ────┘　　工作台停止左移
　│　　　　　　　　　　　　　　　　　　　　　└─→ KM2联锁触点闭合 ───┐
　└─→ SQ2动合触点后闭合 ──→

→ KM1线圈得电 ──┬─→ KM1联锁触点分断对 KM2 联锁
　　　　　　　　├─→ KM1主触点闭合 ────────┬─→ 电动机又正转 →
　　　　　　　　└─→ KM1自锁触点闭合自锁 ────┘

→ 工作台又右移（SQ2触点复位）→ 以后重复上述过程,工作台就在一定行程内自动往返运动。

停止时，按下SB1 → 整个控制电路失电 → KM1(KM2) 主触点分断 → 电动机失电停转 → 工作台停止运动

这里 SB2、SB3 分别作为正转启动按钮和反转启动按钮,若启动时工作台在右端,则应按下 SB3 进行启动。

3. 电动葫芦控制线路

电动葫芦是车间里常用的一种起重机械,其主要部分是升降机构和行车的移动装置,分别由两台笼形异步电动机通过正、反转来完成起重工作。其中一台电动机担任升、降作业,采用断电制动型电磁抱闸(也可采用电磁离合器)制动,确保吊钩不致坠落。电路中应在前、后、上三个方向设置限位,以免发生事故。图 10-6 所示为电动葫芦控制线路。

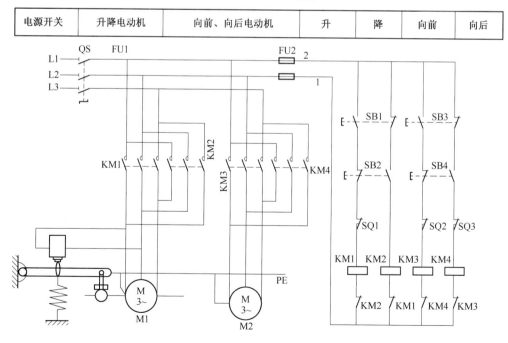

图 10-6　电动葫芦控制线路

主电路中有 M1、M2 两台电动机，KM1、KM2 控制 M1 升、降电动机，其中电磁铁的线圈接在两相电压之间；KM3、KM4 控制 M2 前、后电动机，完成行车在水平面内沿导轨的前、后移动。

控制电路由两组按钮、接触器双重联锁正反转控制线路组成，属典型线路。所不同的是线路中增加了 SQ1、SQ2、SQ3 三个行程开关，并将它们的动断触点串联在上、前、后三条支路中，这样就限制了电动葫芦上升、前进、后退三个方向的极端位置。其工作原理请读者自行分析。

实训课题 十一

安装与检修时间继电器自动控制丫-△降压启动控制线路

一、课题目标

知识目标

（1）理解降压启动的概念、目的及方法。

（2）掌握丫-△降压启动的概念。

（3）掌握时间继电器自动控制丫-△降压启动控制线路的原理图和工作原理。

技能目标

能正确安装与检修时间继电器自动控制丫-△降压启动控制线路。

二、相关知识

1. 降压启动

电动机在启动时，如果加在电动机定子绕组上的电压是电动机的额定电压，称为全压启动。全压启动时的启动电流较大，一般为电动机额定电流的 4～7 倍。为了减小启动电流而采取降压启动的方法。

降压启动是指电动机在启动时，加在电动机定子绕组上的电压小于电动机的额定电压，待电动机启动后，再使电动机定子绕组电压达到额定电压，让电动机正常运行。但是，由于电动机的转矩与电压的二次方成正比，所以降压启动也将导致电动机的启动转矩降低。因此，降压启动需要在空载或轻载下进行。

常见的降压启动方法有定子绕组串电阻降压启动、自耦变压器降压启动、丫-△降压启动、延边三角形降压启动等方法。

2. 丫-△降压启动

丫-△降压启动是指电动机启动时，把定子绕组接成星形，以降低启动电压，限制启动电流；待电动机启动后，再把定子绕组改接成三角形，使电动机全压运行。凡是在正常运行时定子绕组作三角形联结的异步电动机，均可采用这种降压启动方法。

电动机三相绕组星形、三角形联结示意图如图 11-1 所示。电动机接线盒的接线如图 11-2 所示。

3. 时间继电器自动控制丫-△降压启动控制线路

时间继电器自动控制丫-△降压启动控制线路原理图如图 11-3 所示。

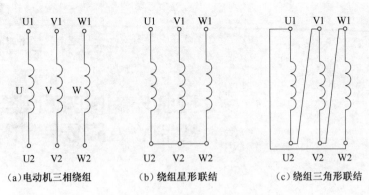

（a）电动机三相绕组　　（b）绕组星形联结　　（c）绕组三角形联结

图 11-1　电动机绕组联结示意图

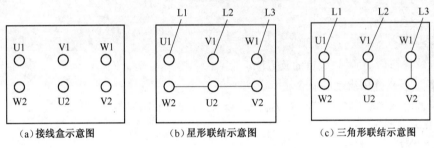

（a）接线盒示意图　　　（b）星形联结示意图　　　（c）三角形联结示意图

图 11-2　电动机接线盒的接线

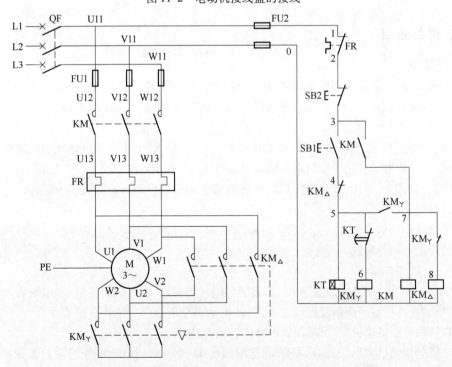

图 11-3　时间继电器自动控制Ｙ-△降压启动控制线路原理图

线路工作原理如下：

先合上电源开关 QF。

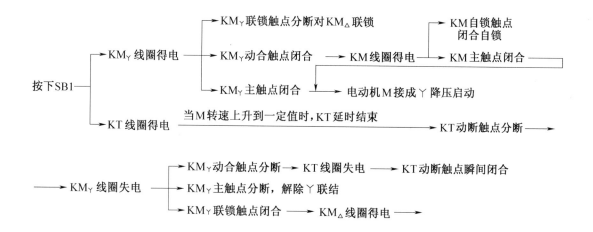

停止时按下 SB2 即可。

该线路中,接触器 KM$_Y$ 得电以后,通过 KM$_Y$ 的辅助动合触点使接触器 KM 得电动作,这样 KM$_Y$ 的主触点是在无负载的条件下进行闭合的,故可延长接触器 KM$_Y$ 主触点的使用寿命。

三、工具、仪表及器材

（1）工具:螺钉旋具、尖嘴钳、剥线钳、斜口钳、压线钳等。

（2）仪表:万用表、兆欧表。

（3）器材:控制板、走线槽、导线、紧固件、导轨、针形和 U 形接线端子、绝缘编码套管、电气元件(见表 11-1)。

表 11-1　实训所用电气元件

代 号	名 称	型 号	规 格	数 量
M	三相异步电动机			
QF	断路器			
FU1	熔断器			
FU2	熔断器			
KM1	交流接触器			
KM2	交流接触器			
KM3	交流接触器			
FR	热继电器			
SB1	按钮			
SB2	按钮			
KT	时间继电器			
XT	接线端子排			

四、实训内容与步骤

（1）画原理图，如图11-3所示。

（2）解释原理图中符号含义及电气元件作用。

（3）分析线路的工作原理。教师利用控制线路示教板，通电演示讲解线路的工作原理。

（4）按表11-1配齐所用电气元件，把电气元件的型号、规格、数量填入表中，并进行质量检验。

（5）设计电气元件布置图。电气元件布置图如图11-4所示（参考图）。

（6）画出电气元件接线图。电气元件接线图如图11-5所示（参考图）。

（7）在控制板上安装电气元件和走线槽（参考教师安装的控制线路示教板）。

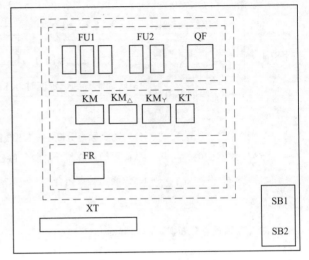

图11-4　电气元件布置图

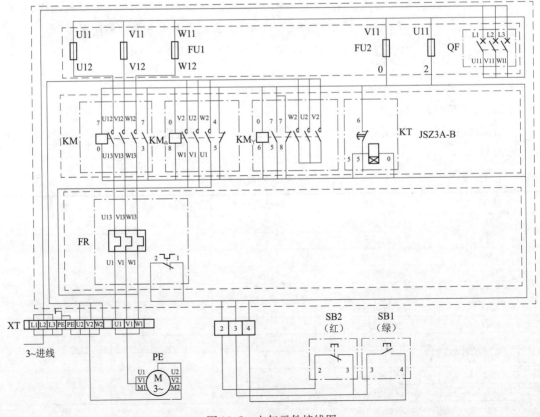

图11-5　电气元件接线图

（8）按接线图进行布线（参考教师安装的控制线路示教板）。

（9）自检控制板布线的正确性：

①按电路图或接线图检查接线的正确性、牢固性。按原理图或接线图从电源端开始，逐一核对接线及接线端子处线号是否正确，有无漏接、错接之处。检查导线接点是否符合要求，压接是否牢固，接点是否接触良好。

②用万用表检查线路的正确性及功能性。

控制电路检查：检查时，应选用倍率适当的电阻挡（R×100 挡），并欧姆调零。断开主电路熔断器，合上 QF，将表笔分别搭接在 L1、L2 线端上，读数应为∞。

a. 按下 SB1 不动，万用表读数应为 KT 和 KM$_Y$ 两个线圈的直流电阻并联值，再按下 KM$_Y$ 的试验按钮（或触点架）万用表读数应为 KT、KM$_Y$、KM 三个线圈的直流电阻并联值。

b. 按下 KM 试验按钮（或触点架）不动，万用表读数应为 KM 和 KM$_\triangle$ 两个线圈的直流电阻并联值，再慢慢按下 KM$_Y$ 试验按钮，万用表读数变化是：先阻值大（只有 KM 线圈的直流电阻值），后阻值小（KT、KM$_Y$、KM 三个线圈的直流电阻并联值）。

c. 按下 SB1 不动，万用表读数为 KT 和 KM$_Y$ 两个线圈的直流电阻并联值，再按下 KM$_\triangle$ 试验按钮不动，万用表读数应为∞。

d. 按下 SB1 不动，万用表读数应为 KT 和 KM$_Y$ 两个线圈的直流电阻并联值，再按 SB2，万用表读数应为∞。

e. 按下 SB1 不动，万用表读数应为 KT 和 KM$_Y$ 两个线圈的直流电阻并联值，再按 FR 复位按钮，万用表读数应为∞。

主电路检查：断开控制电路熔断器，接通主电路熔断器，万用表电阻挡（R×1 挡），并欧姆调零，合上 QF，检查主电路有无开路或短路现象，此时，可用手动（按下 KM 或 KM$_Y$ 或 KM$_\triangle$ 试验按钮或触点架）来代替接触器通电进行检查。

（10）用兆欧表检查线路的绝缘电阻应不得小于 1 MΩ。

（11）对控制板外部的电源线和接地线进行接线并检查其正确性。

（12）空载试运行。

（13）将电动机连接到端子排上相应的位置。

（14）通电试车。

（15）通电试车完毕，按 SB2 停车，扳动 QF 操作手柄切断电源。先断开通往接线端子排的三相电源，再拆除电动机线。

五、注意事项

（1）掌握 JSZ 3A - B 时间继电器接线图，并会接线。

（2）用 Y- △降压启动控制的电动机，必须有六个出线端子，且定子绕组在三角形联结时的额定电压等于三相电源的线电压。

（3）接线时，要保证电动机三角形联结的正确性，即接触器主触点闭合时，应保证定子绕组的 U1 与 W2、V1 与 U2、W1 与 V2 相连接。

（4）接触器 KM$_Y$ 的进线必须从三相定子绕组的末端引入，若误将其首端引入，则在 KM$_Y$ 吸合时，会产生三相电源短路事故。

（5）控制板外部配线，必须按要求一律装在导线通道内，使导线有适当的机械保护，以防止液体、铁屑和灰尘的侵入。在训练时，可适当降低要求，但必须以确保安全为条件，如采用多芯橡皮线或塑料护套软线。

（6）通电检查前，要再检查一下熔体规格及时间继电器的延时时间、热继电器的电流整定值是否符合要求。

（7）电动机、时间继电器、接线端子排等不带电的金属外壳应可靠接地。

（8）通电操作或带电检修故障时，必须有指导教师在现场监护，并要确保安全。

（9）在通电检查或检查故障时，严禁随意用外力使接触器、继电器等动作，以免引起事故。

六、故障及处理记录

把故障及处理方法填入表 11-2 中。

表 11-2 故障及处理方法

故 障 现 象	原 因	处 理 方 法

七、评价

将实训评分结果填入在表 11-3 中。

表 11-3 评 价 表

项目内容	配分	评 分 标 准	自评分	互评分	教师评分
装前检查	10	（1）表 11-1 漏填或填错，每处扣 2 分； （2）电气元件漏检或错检，每个扣 2 分			
安装元件	10	（1）电气元件安装错误、不牢固、布置不整齐、不匀称、不合理、漏装螺钉，每个扣 2 分； （2）损坏元器件，每个扣 5～10 分			
布线	30	（1）接点松动、导线露铜过长（露铜超过 2 mm）、压绝缘层、接线错误，每处扣 2 分； （2）压接线端子不规范，漏装或套错编码管，每处扣 2 分； （3）损伤导线绝缘或线芯，每根扣 5 分； （4）漏接接地线，扣 10 分； （5）试车正常，但不按电路图接线，扣 10 分			
通电试车	30	（1）热继电器电流整定值未整定，扣 5 分； （2）时间继电器延时时间未整定，扣 5 分； （3）配错熔体，主电路、控制电路，各扣 5 分； （4）操作顺序错误，每次扣 10 分； （5）第一次试车不成功扣 20 分，第二次试车不成功扣 30 分			

项目内容	配分	评 分 标 准	自评分	互评分	教师评分
安全、文明操作	20	（1）违反操作规程，产生不安全因素，扣7~10分； （2）着装不规范，扣3~5分； （3）不主动整理工具、器材，工具和器材整理不规范，工作场地不整洁，扣5~10分； （4）不爱护工具设备，不节约能源，不节省材料，每项扣8~10分			
定额时间_____		开始时间：_____结束时间：_____ 按每超过5 min 扣2分计算			
		分数合计			
		总评分 = 自评分×20％ + 互评分×20％ + 教师评分×60％ =			

八、知识与技能拓展

设计用组合按钮、接触器控制丫-△降压启动控制线路。

模块四 安装与检修电力拖动控制线路

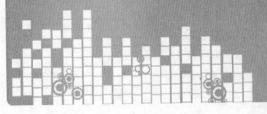

实训课题 十二

安装与检修QX3-13型丫-△自动启动器控制线路

一、课题目标

知识目标

(1)掌握 QX3-13 型丫-△自动启动器型号含义。

(2)掌握 QX3-13 型丫-△自动启动器原理图和工作原理。

技能目标

能正确安装与检修 QX3-13 型丫-△自动启动器控制线路。

二、相关知识

1. QX3-13 型丫-△自动启动器的外形和型号含义(见图 12-1)

图 12-1　QX3-13 型丫-△自动启动器的外形和型号含义

2. QX3-13 型丫-△自动启动器原理图(见图 12-2)

3. 工作原理

先合上电源开关 QF。

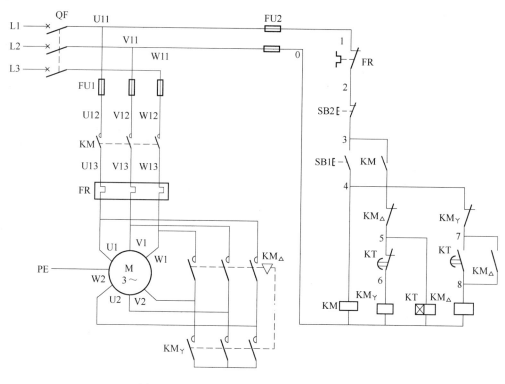

图 12-2　QX3-13 型 Y- △ 自动启动器原理图

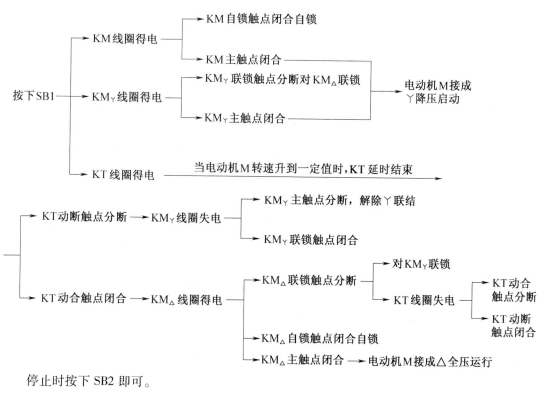

停止时按下 SB2 即可。

三、工具、仪表及器材

(1)工具:螺钉旋具、尖嘴钳、剥线钳、斜口钳等。

(2)仪表:万用表、兆欧表。

(3)器材:控制板、导线、紧固件、导轨、电气元件(见表12-1)。

表12-1　实训所用电气元件

符　号	名　称	型　号	规　格	数　量
M	三相异步电动机			
QF	断路器			
FU1	熔断器			
FU2	熔断器			
KM1	交流接触器			
KM2	交流接触器			
KM3	交流接触器			
FR	热继电器			
SB1	按钮			
SB2	按钮			
KT	时间继电器			
XT	接线端子排			

四、实训内容与步骤

(1)画原理图,如图12-2所示。

(2)解释原理图中符号含义及电气元件作用。

(3)分析线路的工作原理。教师利用控制线路示教板,通电演示讲解线路的工作原理。

(4)按表12-1配齐所用电气元件,把电气元件的型号、规格、数量填入表中,并进行质量检验。

(5)设计电气元件布置图。电气元件布置图如图12-3所示(参考图)。

(6)画出电气元件接线图。控制电路接线图如图12-4所示(参考图)。主电路接线图如图12-5所示(参考图)。

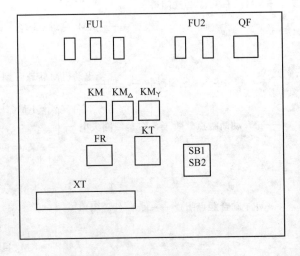

图12-3　电气元件布置图

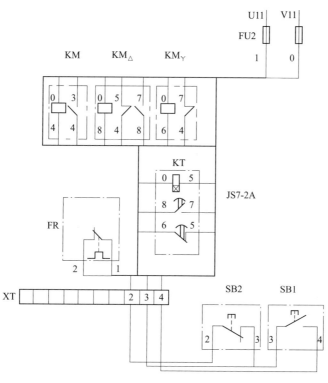

图 12-4 电气元件接线图

（7）在控制板上安装电气元件（参考教师安装的控制线路示教板）。

（8）按接线图进行布线（参考教师安装的控制线路示教板）。板前明线布线的工艺要求见实训课题八有关内容。

（9）自检控制板布线的正确性。

①按电路图或接线图检查接线的正确性、牢固性。按原理图或接线图从电源端开始，逐一核对接线及接线端子处线号是否正确，有无漏接、错接之处。检查导线接点是否符合要求，压接是否牢固，接点是否接触良好。

②用万用表检查线路的正确性及功能性。

控制电路检查：检查时，应选用倍率适当的电阻挡（R×100挡），并欧姆调零。断开主电路熔断器，合上 QF，将表笔分别搭接在 L1、L2 线端上，读数应为∞。

a. 按下 SB1 不动，万用表读数应为 KM、KT 和 KM$_Y$ 三个线圈的直流电阻并联值，再按下 KM$_Y$ 的试验按钮（或触点架）万用表读数应仍为 KM、KT 和 KM$_Y$ 三个线圈的直流电阻并联值。

b. 按下 KM 试验按钮（或触点架）不动，万用表读数应为 KM、KT 和 KM$_Y$ 三个线圈的直流电阻并联值，再慢慢按下 KM$_Y$ 试验按钮，万用表读数应仍为 KM、KT 和 KM$_Y$ 三个线圈的直流电阻并联值。

c. 按下 SB1 不动，万用表读数为 KM、KT 和 KM$_Y$ 三个线圈的直流电阻并联值，再按下 KM$_\triangle$ 试验按钮不动，万用表读数应为 KM 线圈的直流电阻值。

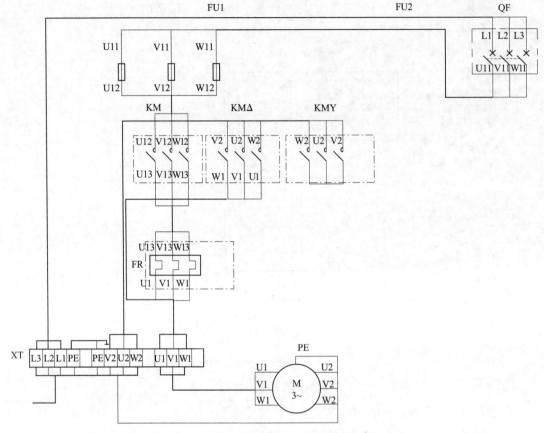

图 12-5　主电路电气元件接线图

d. 按下 SB1 不动,万用表读数应为 KM、KT 和 KM$_Y$ 三个线圈的直流电阻并联值,再推上 KT,动铁芯不动,经过 KT 整定时间,万用表读数变为 KM、KT 和 KM$_\triangle$ 三个线圈的直流电阻并联值。

e. 按下 SB1 不动,万用表读数应为 KM、KT 和 KM$_Y$ 三个线圈的直流电阻并联值,再按 SB2,万用表读数应为 ∞ 。

f. 按下 SB1 不动,万用表读数应为 KM、KT 和 KM$_Y$ 三个线圈的直流电阻并联值,再按 FR 复位按钮,万用表读数应为 ∞ 。

主电路检查:与实训课题十一相同。

(10)用兆欧表检查线路的绝缘电阻应不得小于 1 MΩ。

(11)对控制板外部的电源线和接地线进行接线并检查其正确性。

(12)空载试运行。

(13)将电动机连接到端子排上相应的位置。

(14)通电试车。

(15)通电试车完毕,按 SB2 停车,扳动 QF 操作手柄切断电源。先断开通往接线端子排的三相电源,再拆除电动机线。

五、注意事项

（1）导线与时间继电器接线端子接线时，用左手食指挑着接线端子下方，用小十字头螺钉旋具把导线接牢固。

（2）用丫-△降压启动控制的电动机，必须有六个出线端子，且定子绕组在三角形联结时的额定电压等于三相电源的线电压。

（3）接线时，要保证电动机三角形联结的正确性，即接触器主触点闭合时，应保证定子绕组的U1与W2、V1与U2、W1与V2相连接。

（4）接触器KM丫的进线必须从三相定子绕组的末端引入，若误将其首端引入，则在KM丫吸合时，会产生三相电源短路事故。

（5）控制板外部配线，必须按要求一律装在导线通道内，使导线有适当的机械保护，以防止液体、铁屑和灰尘的侵入。在训练时，可适当降低要求，但必须以能确保安全为条件，如采用多芯橡皮线或塑料护套软线。

（6）通电检查前，要再检查一下熔体规格及时间继电器的延时时间、热继电器的电流整定值是否符合要求。

（7）电动机、时间继电器、接线端子排等不带电的金属外壳应可靠接地。

（8）通电操作或带电检修故障时，必须有指导教师在现场监护，并要确保安全。

（9）在通电检查或检查故障时，严禁随意用外力使接触器、继电器等动作，以免引起事故。

六、故障及处理记录

把故障及处理方法填入表12-2中。

表12-2　故障及处理方法

故 障 现 象	原 因	处 理 方 法

七、评价

将实训评分结果填入表12-3中。

表12-3　评　价　表

项目内容	配分	评 分 标 准	自评分	互评分	教师评分
装前检查	10	（1）表12-1漏填或填错，每处扣2分； （2）电气元件漏检或错检，每个扣2分			
安装元件	10	（1）电气元件安装错误、不牢固、布置不整齐、不匀称、不合理、漏装螺钉，每个扣2分； （2）损坏元器件，每个扣5～10分			

项目内容	配分	评分标准	自评分	互评分	教师评分
布线	30	（1）接点松动、反圈、导线露铜过长（露铜超过 2 mm）、压绝缘层，导线与螺钉平压式接线柱连接不做成压接圈，接线错误，每处扣 2 分； （2）布线不平整、不紧贴安装面、通道多、不集中、有斜线、有交叉、架空线过长，主电路、控制电路不分类集中，每处扣 2 分； （3）把导线做成"死直角"，损伤导线绝缘或线芯，每根扣 5 分； （4）漏接接地线，扣 10 分； （5）试车正常，但不按电路图接线，扣 10 分			
通电试车	30	（1）热继电器电流整定值未整定，扣 5 分； （2）时间继电器延时时间未整定，扣 5 分； （3）配错熔体，主电路、控制电路，各扣 5 分； （4）操作顺序错误，每次扣 10 分； （5）第一次试车不成功扣 20 分，第二次试车不成功扣 30 分			
安全、文明操作	20	（1）违反操作规程，产生不安全因素，扣 7～10 分； （2）着装不规范，扣 3～5 分； （3）不主动整理工具、器材，工具和器材整理不规范，工作场地不整洁，扣 5～10 分； （4）不爱护工具设备，不节约能源、不节省材料，每项扣 8～10 分			
定额时间_____		开始时间：_____结束时间：_____ 按每超过 5 min 扣 2 分计算			
分数合计					
总评分 = 自评分 ×20％ + 互评分 ×20％ + 教师评分 ×60％ =					

八、知识与技能拓展

时间继电器自动控制丫-△降压启动控制线路的定型产品有 QX3、QX4 两个系列，称为丫-△自动启动器。请读者查阅它们的主要技术数据，为以后选择、安装和维修做好准备。

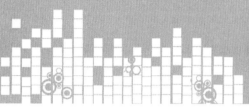

实训课题 **十三**

安装与检修具有信号灯指示电路的时间继电器自动控制Y-△降压启动控制线路

一、课题目标

知识目标

（1）掌握具有信号灯指示电路的时间继电器自动控制Y-△降压启动控制线路原理图和工作原理。

（2）掌握板前走线槽布线的工艺要求。

技能目标

能正确安装与检修具有信号灯指示电路的时间继电器自动控制Y-△降压启动控制线路。

二、相关知识

具有信号灯指示电路的时间继电器自动控制Y-△降压启动控制线路原理图如图 13-1 所示。

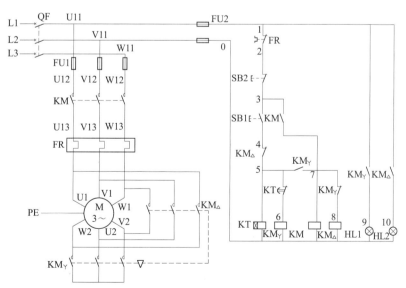

图 13-1 具有信号灯指示电路的时间继电器自动控制Y-△降压启动控制线路原理图

三、工具、仪表及器材

（1）工具：螺钉旋具、尖嘴钳、剥线钳、斜口钳、压线钳等。

（2）仪表：万用表、兆欧表、测速表、钳形电流表。

（3）器材：控制板、走线槽、导轨、导线、紧固件、针形和 U 形接线端子、绝缘编码套管、电气元件（见表 13-1）。

表 13-1　实训所用电气元件

符　号	名　称	型　号	规　格	数　量
QF	断路器			
FU1	熔断器			
FU2	熔断器			
KM1	交流接触器			
KM2	交流接触器			
KM3	交流接触器			
FR	热继电器			
SB1	按钮			
SB2	按钮			
KT	时间继电器			
XT	接线端子排			
HL1	指示灯（丫启动）			
HL2	指示灯（△运行）			
M	三相异步电动机			

四、实训内容与步骤

（1）设计具有信号灯指示电路的时间继电器自动控制丫-△降压启动控制线路原理图如图 13-1 所示（参考图）。

（2）分析线路的工作原理。

（3）按表 13-1 配齐所用电气元件，把电气元件的型号、规格、数量填入表中，并进行质量检验（指示灯需用兆欧表检验）。

（4）设计电气元件布置图。

（5）画出电气元件接线图如图 13-2 所示（参考图）。

（6）在控制板上安装电气元件和走线槽。

（7）根据接线图按照板前走线槽布线工艺要求进行布线。

（8）自检控制板布线的正确性。

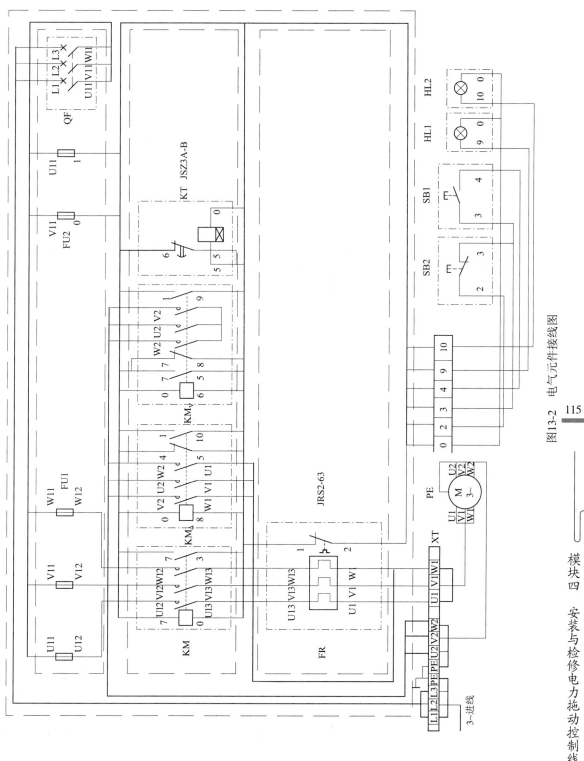

图13-2 电气元件接线图

模块四 安装与检修电力拖动控制线路

①按原理图或接线图检查接线的正确性、牢固性。按原理图或接线图从电源端开始，逐一核对接线及接线端子处线号是否正确，有无漏接、错接之处。检查导线接点是否符合要求，压接是否牢固，接点是否接触良好。

②用万用表检查线路的正确性及功能性。

控制电路检查：检查时，应选用倍率适当的电阻挡（R×100 挡），并欧姆调零。断开主电路熔断器，合上 QF，将表笔分别搭接在 L1、L2 线端上，读数应为∞。

a. 按下 SB1 不动，万用表读数应为 KT 和 KM$_Y$两个线圈的直流电阻并联值，再按下 KM$_Y$的试验按钮（或触点架）万用表读数应为 KT、KM$_Y$、KM 三个线圈的直流电阻并联值。

b. 按下 KM 试验按钮（或触点架）不动，万用表读数应为 KM 和 KM$_\triangle$两个线圈的直流电阻并联值，再慢慢按下 KM$_Y$试验按钮，万用表读数变化是：先阻值大（只有 KM 线圈的直流电阻值），后阻值小（KT、KM$_Y$、KM 三个线圈的直流电阻并联值）。

c. 按下 SB1 不动，万用表读数为 KT 和 KM$_Y$两个线圈的直流电阻并联值，再按下 KM$_\triangle$试验按钮不动，万用表读数应为∞。

d. 按下 SB1 不动，万用表读数应为 KT 和 KM$_Y$两个线圈的直流电阻并联值，再按下 SB2，万用表读数应为∞。

e. 按下 SB1 不动，万用表读数应为 KT 和 KM$_Y$两个线圈的直流电阻并联值，再按 FR 复位按钮，万用表读数应为∞。

主电路检查：与实训课题十一相同。

断开控制电路熔断器，检查主电路有无开路或短路现象，此时，可用手动（按下 KM 或 KM$_Y$或 KM$_\triangle$试验按钮或触点架）来代替接触器通电进行检查。

（9）用兆欧表检查线路的绝缘电阻应不得小于 1 MΩ。

（10）对控制板外部的电源线和接地线进行接线并检查其正确性。

（11）空载试运行。

（12）将电动机连接到端子排上相应的位置。

（13）通电试车。

（14）测线电流（Y联结和△联结两种情况）。

（15）测电动机转速（Y联结和△联结两种情况），判断电动机极数。

（16）研究电动机缺相时运转状态（Y联结和△联结两种情况）。

（17）故障设置和排除故障：

①由指导教师在主电路和控制电路中各设计一个电气故障。故障内容以不会损坏电气元件和不会对设备、人身带来危险后果为限。

②学生用通电实验法来发现故障现象，并做好记录。

③根据故障现象，划定故障区域，分析出故障的可能电路。

④用逻辑分析法及测量法（尽量不通电测量，必须通电检查时，需有指导教师监护）等检查方法迅速缩小故障范围，最后准确找出故障点，并做好必要的记录，如故障范围、故障所在的支路位置等。

⑤采用正确方法迅速修复故障，并再次通电检验电路功能。

(18)排除故障后,按下 SB2 停车,扳动 QF 操作手柄切断电源。先断开通往接线端子排的三相电源,再拆除电动机线。

五、注意事项

(1)见实训课题十一注意事项。

(2)正确测量线电流(Y联结和△联结两种情况)。

(3)在排除故障过程中严禁扩大和产生新的故障,否则要立即停止检修。

六、故障及处理记录

把故障及处理方法填入表 13-2 中。

表 13-2　故障及处理方法

故　障　现　象	原　　因	处　理　方　法

七、评价

将实训评分结果填入表 13-3 中。

表 13-3　评　价　表

项目内容	配分	评　分　标　准	自评分	互评分	教师评分
装前检查	5	电气元件漏检或错检,每个扣 2 分			
安装元件	10	(1)电气元件安装错误、不牢固、布置不整齐、不匀称、不合理、漏装螺钉,每个扣 2 分; (2)损坏元件,每个扣 5~10 分			
布线	30	(1)接线端子与导线线头压接不符合工艺要求,每个扣 1 分; (2)布线不符合要求、接点松动、接点导线露铜过长(露铜超过 2 mm)、压绝缘层、接线错误,每处扣 2 分; (3)损伤导线绝缘或线芯,每根扣 5 分; (4)漏装或套错编码套管,每个扣 1 分; (5)漏接接地线,扣 10 分; (6)试车正常,但不按电路图接线,扣 10 分			

电
工
实
训

项目内容	配分	评 分 标 准	自评分	互评分	教师评分
通电试车	20	(1)热继电器电流整定值未整定,扣5分; (2)时间继电器延时时间未整定,扣5分; (3)配错熔体,主电路、控制电路,各扣5分; (4)操作顺序错误,每次扣10分; (5)第一次试车不成功扣10分,第二次试车不成功扣20分			
故障排除	15	(1)故障分析不正确,扣2分; (2)排除故障的顺序不对,扣3分; (3)不能排除故障,扣15分; (4)产生新故障,扣10分; (5)损坏电器,扣5分;			
安全、文明操作	20	(1)违反操作规程,产生不安全因素,扣7~10分; (2)着装不规范,扣3~5分; (3)不主动整理工具、器材,工具器材整理不规范,工作场地不整洁,扣5~10分; (4)不爱护工具设备,不节约能源,不节省材料,每项扣8~10分			
定额时间_____		开始时间:_____结束时间:_____ 按每超过5 min扣2分计算			
分数合计					
总评分 = 自评分×20% + 互评分×20% + 教师评分×60% =					

八、知识与技能拓展

分析电动机星形联结与电动机三角形联结缺相时为什么现象不完全一样。

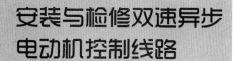

实训课题 **十四**

安装与检修双速异步
电动机控制线路

一、课题目标

知识目标

(1)掌握改变三相异步电动机转速三种方法。

(2)理解双速异步电动机定子绕组△/丫丫调速原理。

(3)了解双速异步电动机铭牌数据的含义。

(4)掌握时间继电器控制双速异步电动机控制线路的原理图和工作原理。

技能目标

能正确安装与检修时间继电器控制双速异步电动机控制线路。

二、相关知识

1. 三相异步电动机转速公式

$$n = (1 - s)n_0 = (1 - s)\frac{60f}{p}$$

式中　n——转子转速；

　　　n_0——旋转磁场的同步转速；

　　　s——转差率(一般三相异步电动机在空载时,s 约在 0.005 以下,在额定工作状态时,s 约在
　　　0.02 ~ 0.06 之间)；

　　　f——电源频率；

　　　p——定子绕组的磁极对数。

2. 三相异步电动机的调速

由转速公式可知,改变三相异步电动机转速可通过三种方法来实现:一是改变电源频率 f;二
是改变磁极对数 p(这种调速方法只适用于笼形异步电动机,不适用于绕线转子式异步电动机,因
为笼形异步电动机的转子磁极对数可以随着定子磁极对数的改变而改变,而绕线转子式异步电动
机的转子绕组在转子嵌线时就已经确定了磁极对数,一般情况很难改变磁极对数);三是改变转差
率 s(如定子调压调速、转子回路串电阻调速和串级调速,转子回路串电阻调速和串级调速只适用
于绕线转子式异步电动机)。

3. 变极调速原理

改变定子绕组的接法,可以改变定子绕组的磁极对数,现以图 14-1 来说明变极调速原理。图中只画出了一相绕组,这相绕组由两部分组成,即 1U1-1U2 和 2U1-2U2。如果两部分反向串联,即 1U1-1U2-2U2-2U1 则产生两个磁极,如图 14-1(a)所示。如果两部分正向串联,即 1U1-1U2-2U1-2U2 则可产生四个磁极,如图 14-1(b)所示。

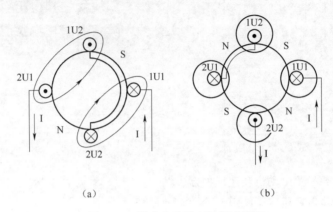

(a)   (b)

图 14-1   异步电动机变极调速原理

4. 双速异步电动机常见接线方法

双速异步电动机是最简单的多速异步电动机,常见的接线方法有△/丫丫和丫/丫丫两种:

(1)△/丫丫接法。图 14-2 是 4 极/2 极定子绕组△/丫丫接法的示意图。

当把电动机绕组 U1、V1、W1 接线端接电源,将 U2、V2、W2 接线端悬空,则三相定子绕组接成三角形($p=2$);当把电动机绕组 U2、V2、W2 接线端接电源,将 U1、V1、W1 接线端子短接,则三相定子绕组接成双星形($p=1$)。由于△/丫丫接法时速度升高了一倍,但功率提高却不多,故这种调速法为恒功率调速。由 $P=M\Omega$(P 为电动机输出功率;M 为电动机输出转矩;Ω 为转子旋转角速度)可知,低转速时电动机输出转矩约为高速时的两倍,这种调速方法适用于带动金属切削机床(如车床主轴即为恒功率负载)。因为机床在低转速时进行粗加工,进刀量大,需要转矩大;高速时进行精加工,进刀量小,需要转矩小。

(2)丫/丫丫接法。如图 14-3 所示,若将接线端 U1、V1、W1 端短接,U2、V2、W2 端接电源,则绕组接成双星行,电动机是 2 极($p=1$)旋转磁场。U1、V1、W1 端接电源,U2、V2、W2 端悬空,则接成星形,电动机是 4 极($p=2$)旋转磁场。

图 14-2   △/丫丫接法   图 14-3   丫/丫丫接法

由于星形接法变成双星形接法后,功率增大一倍,由于转速也增大一倍。由 $P=M\Omega$ 可知,转矩保持不变,属于恒转矩调速,这种调速方法适用于带动起重机,传动带运输机等恒转矩的负载。

变极调速时,三相绕组的相序随着极数的改变而改变。如果要保持原来的转向,可用改变电源相序的办法来解决。

5. 双速异步电动机铭牌数据的含义

如:YD112M-4/2;3.3 kW/4 kW、380 V、7.4 A/8.6 A、△/丫丫1 440 r/min 或 2 890 r/min;防护等级 IP44;50 Hz;定额工作制 S1;F 级绝缘;JB/T 10391—2002;Lw70dB。Y 表示异步电动机;D 表示多速;112 表示机座中心高是 112 mm;M 表示机座类别(L 长机座,M 中机座,S 短机座);4 表示4 极;2 表示 2 极。

△接法时,额定功率为 3.3 kW、额定电压为 380 V、额定电流为 7.4 A、额定转速为1 440 r/min;

丫丫接法时,额定功率为 4 kW、额定电压为 380 V、额定电流为 8.6 A、额定转速为2 890 r/min。

防护等级表示电动机外壳防护的方式。IP11 是开启式,IP22、IP23 是防护式,IP44 是封闭式。

50 Hz 表示电动机使用交流电源的频率为 50 Hz。

定额工作制指电动机按铭牌值工作时,可以持续运行的时间和顺序。电动机定额分连续定额、短时定额和断续定额三种,分别用 S1、S2、S3 表示。

(1)连续定额(S1)。表示电动机按铭牌值工作时可以长期连续运行。

(2)短时定额(S2)。表示电动机按铭牌值工作时只能在规定的时间内短时运行。我国规定的短时运行时间为 10 min、30 min、60 min 及 90 min 四种。

(3)断续定额(S3)。表示电动机按铭牌值工作时运行一段时间就要停止一段时间,周而复始地按一定周期重复运行。每一周期为 10 min,我国规定的负载持续率为 15%、25%、40% 及 60% 四种(如标明 40% 则表示电动机工作 4 min 就休息 6 min)。

绝缘等级与温升。绝缘等级表示电动机所用绝缘材料的耐热等级。E 级绝缘的允许极限温度为 120 ℃,B 级绝缘为 130 ℃,F 级绝缘为 155 ℃。温升表示电动机发热时允许升高的温度。例如,温升 80 ℃,意为将环境温度设为 40 ℃则电动机温度可再升高 80 ℃,即不超过 120 ℃,否则电动机就要缩短使用寿命。绝缘材料耐热等级与电动机的允许温升的关系,见表 14-1。

表 14-1　绝缘材料耐热等级与电动机允许温升关系(℃)

绝缘耐热等级	A	E	B	F	H	C
绝缘材料的允许温度	105	120	130	155	180	180 以上
电动机的允许温升	60	75	80	100	125	125 以上

JB 表示中华人民共和国机械行业标准,行业标准分为强制性标准和推荐性标准,推荐性行业标准代号是在强制性行业标准代号后面加"/T"。JB/T 10391—2002 标准规定了 Y 系列电动机的基本参数与尺寸、技术要求、检验规则等标准。

Lw70dB 是指电动机的噪声等级为 70 dB。

6. 双速异步电动机定子绕组的联结

双速异步电动机定子绕组的△/丫丫接线图如图 14-4 所示。

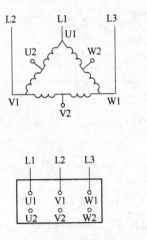

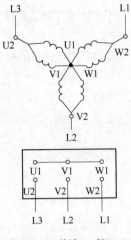

低速——△接法（4级）　　　　　　高速——丫丫接法（2极）

图 14-4　双速异步电动机定子绕组 △/丫丫接线图

双速电动机定子绕组从一种接法改变为另一种接法时,必须把电源相序反接,以保证电动机的旋转方向不变。

7. 时间继电器控制双速异步电动机控制线路（见图 14-5）

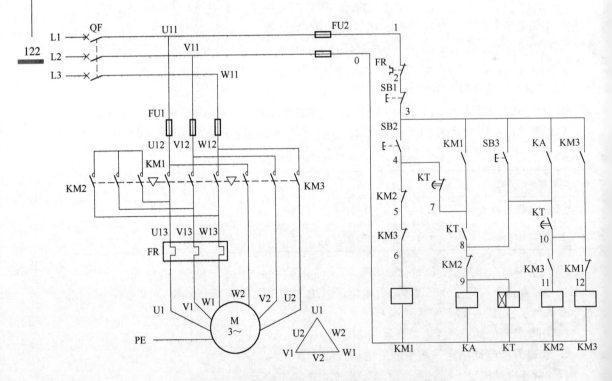

图 14-5　时间继电器控制双速异步电动机控制线路

说明:本线路中的 KT 瞬时动合触点也可用 KA 的动合触点代替。

线路工作原理如下：

先合上电源开关 QF。

△低速启动运转：

按下 SB2 → KM1 线圈得电
- → KM1 联锁触点分断对 KM3 联锁，KM3 不得电又使 KM2 不得电
- → KM1 自锁触点闭合 → 电动机 M 接成△低速启动运转
- → KM1 主触点闭合

从△低速运转变为丫丫高速运转：

按下 SB3
- → KA 线圈得电 → KA 自锁触点闭合自锁 → KM1 线圈得电
- → KT 线圈得电 → KT 动合触点闭合

经 KT 整定时间

- → KT 延时断开动断触点分断 → KM1 线圈失电
  - → KM1 自锁触点分断
  - → KM1 主触点分断
  - → KM1 联锁触点闭合
- → KT 延时闭合动合触点闭合 → KM3 线圈得电
  - → KM3 联锁触点分断，对 KM1 联锁
  - → KM3 自锁触点闭合
  - → KM3 主触点闭合
  - → KM3 辅助动合触点闭合 →

- → KM2 线圈得电
  - → KM2 联锁触点分断对 KM1 联锁
  - → KM2 联锁触点分断 → KA 线圈失电 → KA 自锁触点分断
    - → KT 线圈失电 →
  - → KM2 主触点闭合
- → KT 动合触点恢复断开
- → KT 延时闭合动合触点恢复断开
- → KT 延时断开动断触点恢复闭合

KM2 和 KM3 主触点都闭合，电动机 M 接成丫丫高速运转。

停止时，按下 SB1 即可。

若电动机只需高速运转时，可直接按下 SB3，则电动机△低速启动后，丫丫高速运转。

三、工具、仪表及器材

（1）工具：螺钉旋具、尖嘴钳、剥线钳、斜口钳、压线钳等。

（2）仪表：万用表、兆欧表、测速表、钳形电流表。

（3）器材：控制板、导轨、导线、紧固件、电气元件（见表14-2）。

表 14-2 实训所用电气元件

符 号	名 称	型 号	规 格	数 量
QF	断路器			
FU1	熔断器			
FU2	熔断器			
KM1	交流接触器			
KM2	交流接触器			
KM3	交流接触器			
FR	热继电器			
KA	中间继电器			
SB1	按钮			
SB2	按钮			
SB3	按钮			
KT	时间继电器			
XT	接线端子排			
M	双速异步电动机			

四、实训内容与步骤

(1)画原理图,如图 14-5 所示。

(2)分析线路的工作原理。

(3)按表 14-1 配齐所用电气元件,把电气元件的型号、规格、数量填入表中,并进行质量检验。

(4)设计电气元件布置图。

(5)画出电气元件接线图(控制电路参考图如图 14-6 所示)。

(6)在控制板上安装电气元件。

(7)根据电气元件接线图按照板前明线布线工艺要求进行布线。

(8)自检控制板布线的正确性:

①按原理图或接线图检查接线的正确性、牢固性。按原理图或接线图从电源端开始,逐一核对接线及接线端子处线号是否正确,有无漏接、错接之处。检查导线接点是否符合要求,压接是否牢固,接点是否接触良好。

②用万用表检查线路的正确性及功能性。

控制电路检查:检查时,应选用倍率适当的电阻挡(R × 100 挡),并欧姆调零。断开主电路熔断器,将表笔分别搭接在 U11、V11 线端上,读数应为∞。

a. 按下 SB2 不动,阻值为 KM1 线圈直流电阻值,再按 KM2 试验按钮阻值为∞。

b. 按下 KM1 试验按钮(或触点架)不动,阻值为 KM1 线圈直流电阻值。

c. 按下 SB3 不动,阻值为 KA 与 KT 线圈直流电阻并联值,再按 KM2 试验按钮,阻值为∞。

d. 按下 KA 试验按钮(或触点架)不动,阻值为 KA 与 KT 线圈直流电阻并联值。

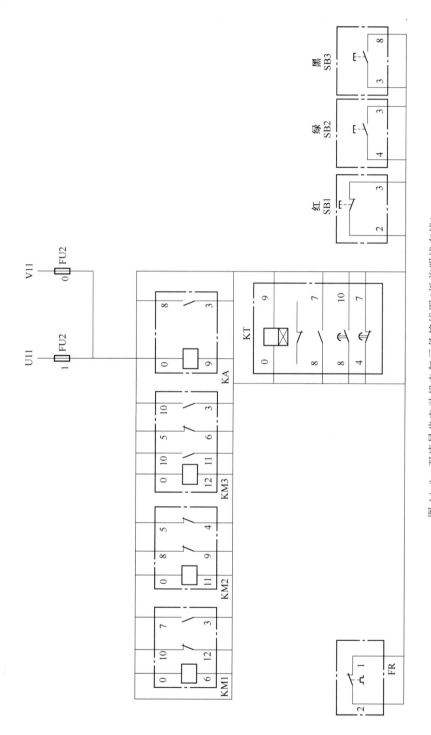

图 14-6　双速异步电动机电气元件接线图（板前明线布线）

模块四　安装与检修电力拖动控制线路

e. 按下 KM3 试验按钮不动,阻值为 KM2 与 KM3 线圈直流电阻并联值,再按下 KM1 试验按钮阻值为 KM2 线圈直流电阻值。

f. 按下 SB3 不动,阻值为 KA 与 KT 线圈直流电阻并联值,再向上按压 KT 动铁芯,阻值变为 KM1、KA、KT 线圈并联值,经整定时间后,KT 延时断开动断触点断开瞬间,阻值为 KA、KT 线圈直流电阻并联值,KT 延时闭合动合触点立刻闭合,电阻值又变为 KA、KT、KM3 线圈直流电阻并联值。

g. 按下 SB2 不动,阻值为 KM1 线圈阻值,再按下 SB1,阻值为 ∞。

h. 按下 SB2 不动,阻值为 KM1 线圈阻值,再按下 FR 的复位按钮,阻值为 ∞。

主电路检查:断开控制电路熔断器,检查主电路有无开路或短路现象,此时,可用手动(按下 KM1 或 KM2 或 KM3 试验按钮或触点架)来代替接触器通电进行检查。

(9)用兆欧表检查线路的绝缘电阻应不得小于 1 MΩ。

(10)对控制板外部的电源线和接地线进行接线并检查其正确性。

(11)空载试运行。

(12)将电动机连接到端子排上相应的位置。

(13)通电试车。

(14)测电动机转速。

(15)故障设置和排除故障:

①由指导教师在主电路和控制电路中各设计一个电气故障。故障内容以不会损坏电气元件和不会对设备、人身带来危险后果为限。

②学生用通电实验法来发现故障现象,并做好记录。

③根据故障现象,划定故障区域,分析出故障的可能电路。

④用逻辑分析法及测量法(尽量不通电测量,必须通电检查时,需有指导教师监护)等检查方法迅速缩小故障范围,最后准确找出故障点,并做好必要的记录,如故障范围、故障所在的支路位置等。

⑤采用正确方法迅速修复故障,并再次通电检验电路功能。

(16)排除故障后,按下 SB1 停车,扳动 QF 操作手柄切断电源。先断开通往接线端子排的三相电源,再拆除电动机线。

五、注意事项

(1)接线时,注意主电路中接触器 KM1、KM3 在两种转速下电源相序反接,以保证电动机的旋转方向不变。

(2)在排除故障过程中严禁扩大和产生新的故障,否则要立即停止检修。

(3)在带电测试功能、检修故障时,必须有指导教师在现场监护,并要确保安全。

(4)在通电检查或检查故障时,严禁随意用外力使接触器、继电器等动作,以免引起事故。

六、故障及处理记录

把故障及处理方法填入表 14-3 中。

表 14-3 故障及处理方法

故 障 现 象	原 因	处 理 方 法

七、评价

将实训评分结果填入表 14-4 中。

表 14-4 评 价 表

项目内容	配分	评 分 标 准	自评分	互评分	教师评分
装前检查	5	(1)表 14-2 漏填或错填,每处扣 2 分; (2)电气元件漏检或错检,每处扣 2 分			
安装元件	10	(1)电气元件安装错误、不牢固、布置不整齐、不匀称、不合理、漏装螺钉,每个扣 2 分; (2)损坏元件,每个扣 5~10 分			
布线	30	(1)接点松动、反圈、导线露铜过长(露铜超过 2 mm)、压绝缘层、导线与螺钉平压式接线柱连接不做成压接圈,接线错误,每处扣 2 分; (2)布线不平整、不紧贴安装面、通道多、不集中、有斜线、有交叉、架空线过长、主电路、控制电路不分类集中,每处扣 2 分; (3)把导线做成"死直角",损伤导线绝缘或线芯,每根扣 5 分; (4)漏接接地线,扣 10 分; (5)试车正常,但不按电路图接线,扣 10 分			
通电试车	20	(1)热继电器电流整定值未整定,扣 5 分; (2)时间继电器延时时间未整定,扣 5 分; (3)配错熔体,主电路、控制电路,各扣 5 分; (4)操作顺序错误,每次扣 10 分; (5)第一次试车不成功扣 10 分,第二次试车不成功扣 20 分			
故障排除	15	(1)故障分析不正确,扣 5 分; (2)排除故障的顺序不对,扣 5 分; (3)不能排除故障,扣 15 分; (4)产生新故障,扣 10 分; (5)损坏电器,扣 10 分			

项目内容	配分	评 分 标 准	自评分	互评分	教师评分
安全、文明操作	20	(1)违反操作规程,产生不安全因素,扣7~10分; (2)着装不规范,扣3~5分; (3)不主动整理工具、器材,工具和器材整理不规范,工作场地不整洁,扣5~10分; (4)不爱护工具设备,不节约能源,不节省材料,每项扣8~10分			
定额时间_____		开始时间:_____ 结束时间:_____ 按每超过5 min扣2分计算			
		分数合计			

总评分 = 自评分×20% + 互评分×20% + 教师评分×60% =

八、知识与技能拓展

1. 用组合按钮和接触器控制双速电动机的控制线路

(1)控制电路原理图如图14-7(主电路与图14-5相同)所示。

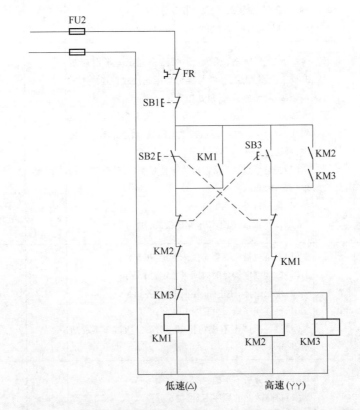

图14-7 用组合按钮和接触器控制双速电动机的控制电路原理图

(2)工作原理。先合上电源开关 QS。

△低速启动运转:

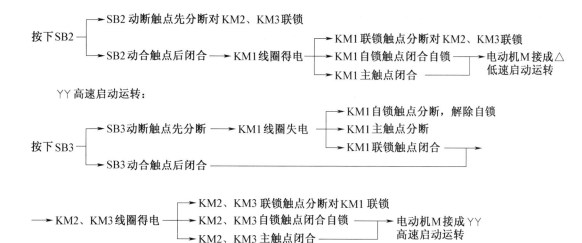

按下SB2 → SB2动断触点先分断对KM2、KM3联锁

按下SB2 → SB2动合触点后闭合 → KM1线圈得电 → KM1联锁触点分断对KM2、KM3联锁 / KM1自锁触点闭合自锁 / KM1主触点闭合 → 电动机M接成△低速启动运转

YY高速启动运转：

按下SB3 → SB3动断触点先分断 → KM1线圈失电 → KM1自锁触点分断，解除自锁 / KM1主触点分断 / KM1联锁触点闭合 →

按下SB3 → SB3动合触点后闭合 →

→ KM2、KM3线圈得电 → KM2、KM3联锁触点分断对KM1联锁 / KM2、KM3自锁触点闭合自锁 / KM2、KM3主触点闭合 → 电动机M接成YY高速启动运转

停转时，按下 SB1 即可实现。

2. 用组合按钮和时间继电器控制双速电动机的控制线路

(1)控制电路原理图如图 14-8(主电路与图 14-5 相同)所示。

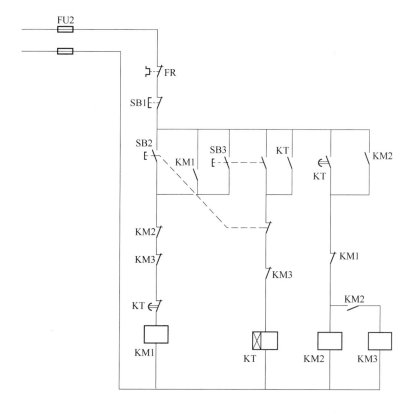

图 14-8　用组合按钮和时间继电器控制双速电动机的控制电路原理图

(2)工作原理。线路工作原理请读者自行分析。

3. 用转换开关和时间继电器控制双速电动机的控制线路

（1）控制电路原理图如图14-9（主电路与图14-5相同）所示。

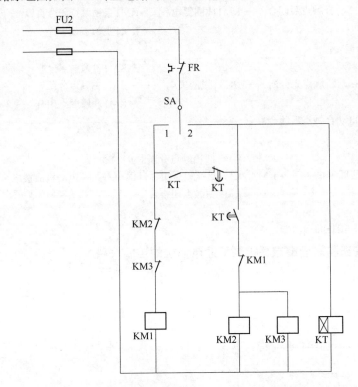

图14-9 用转换开关和时间继电器控制双速电动机的控制电路原理图

由选择开关 SA 选择低速运行或高速运行。当 SA 置于"1"位置，选择低速运行时，接通 KM1 线圈电路，直接启动低速运行；当 SA 置于"2"位置，选择高速运行时，首先接通 KM1 线圈电路低速启动，然后由时间继电器 KT 自动切断 KM1 线圈电路，接通 KM2 和 KM3 线圈电路，电动机的转速自动由低速切换到高速。

（2）工作原理。线路工作原理请读者自行分析。

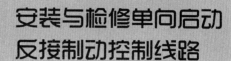

实训课题 **十五**

安装与检修单向启动反接制动控制线路

一、课题目标

知识目标

（1）理解制动、机械制动、电力制动的概念。

（2）掌握电动机反接制动控制的概念及反接制动原理。

（3）掌握单向启动反接制动控制线路的原理图和工作原理。

技能目标

能正确安装与检修单向启动反接制动控制线路。

二、相关知识

1. 三相异步电动机制动

（1）制动：通过前面实训可知，电动机切断电源后，需经过一段时间才能完全停转。为提高生产效率和加工精度，要求生产机械能迅速准确地制动。采取一定措施使电动机在切断电源后迅速准确地制动，称为电动机制动。制动的方法分为机械制动和电力制动。

（2）机械制动：利用机械装置使电动机切断电源后迅速停转的方法称为机械制动。机械制动常用的方法有电磁抱闸制动和电磁离合器制动。

（3）电力制动：电动机在切断电源后，产生一个和电动机实际旋转方向相反的电磁制动力矩，使电动机迅速停转的方法称为电力制动。电力制动常用的方法有反接制动、能耗制动等。

（4）反接制动：反接制动是将转动中的电动机任意两根相线对调，以改变电动机定子绕组的电源相序，定子绕组产生反向的旋转磁场，从而使转子受到与原旋转方向相反的制动力矩而迅速停转。反接制动原理图如图 15-1 所示。

当开关 QS 动触点接到上面静触点时，电动机定子绕组 U-V-W 电源相序为 L1-L2-L3，电动机将沿顺时针旋转磁场方向旋转如图 15-1（b）所示。

当电动机需要停转时，开关 QS 动触点与上面静触点断开，使电动机与电源脱离，但转子由于惯性仍按原方向旋转，然后将开关 QS 动触点迅速接到下面静触点，由于 L1、L2 两相线对调，电动机定子绕组 U-V-W 电源相序变为 L2-L1-L3，旋转磁场方向变为逆时针方向，此时转子沿原旋转方向切割旋转磁场磁感线，在转子绕组中产生感应电流如图 15-1（b）所示。而转子绕组一旦产生电流,又受到旋转磁场的作用,产生电磁转矩如图15-1(b)所示。可见,此转矩方向与电动机原旋转方向相反,使电动机转子受制动迅速停转。

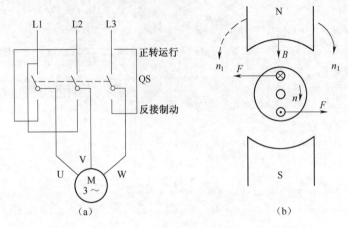

图 15-1　反接制动原理图

在反接制动时,当转子转速接近零时,应立即切断电动机电源,否则电动机将会反转。反接制动设施中常用速度继电器来自动及时切断电源。

2. 速度继电器

JY1 型速度继电器的外形及结构示意图如图15-2 所示。

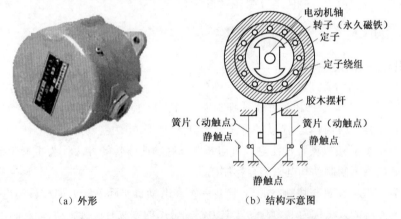

（a）外形　　　　　（b）结构示意图

图 15-2　JY1 型速度继电器的外形及结构示意图

(1)文字符号:KS。

(2)图形符号:速度继电器图形符号如图15-3 所示。

(3)作用:以电动机转动的快慢为指令信号接通或断开电路。

(4)工作原理:当电动机旋转时,带动与电动机同轴连接的速度继电器的转子(永久磁铁)旋转,在空间中产生一个旋转磁场,从而在定子绕组中产生感应电流,感应电流又与旋转磁场相互作用,产

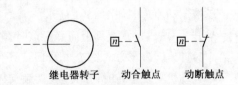

继电器转子　　动合触点　　动断触点

图 15-3　速度继电器图形符号

生电磁转矩,使定子随永久磁铁转动的方向偏转,与定子相连的胶木摆杆也随之偏转。当定子偏转到一定角度,胶木摆杆推动簧片,使继电器的触点动作。当转子转速减小到接近零时,由于定子的电磁转矩减小,胶木摆杆恢复原状态,触点随即复位。

(5)安装接线:

①速度继电器的转轴与电动机转轴必须同轴紧密相连,并且应使两轴的中心线重合。

②速度继电器有一组正转动作触点,一组反转动作触点,应注意正反向触点不能接错,否则就不能起到反接制动的作用。

③速度继电器的金属外壳应可靠接地。

(6)速度继电器的选用。速度继电器主要根据控制电路的转速大小、触点对数、电压、电流来选用。

3. 单向启动反接制动控制线路

单向启动反接制动控制线路原理图如图 15-4 所示。

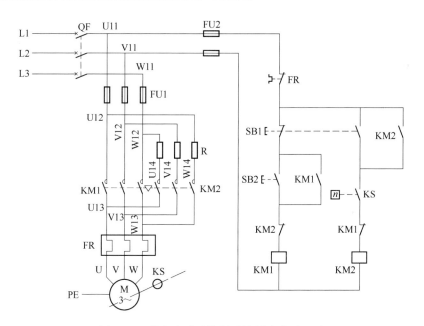

图 15-4　单向启动反接制动控制线路原理图

线路的工作原理如下:先合上电源开关 QF。

单向启动:

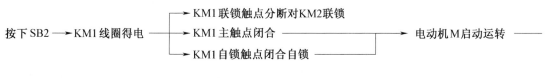

按下SB2 → KM1线圈得电
┌→ KM1联锁触点分断对KM2联锁
├→ KM1主触点闭合 → 电动机M启动运转
└→ KM1自锁触点闭合自锁

→ 至电动机转速上升到一定值(120 r/min 左右)时 → KS动合触点闭合为制动作准备

反接制动:

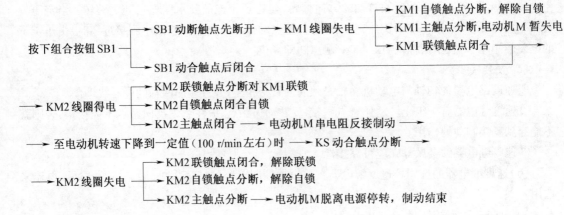

三、工具、仪表及器材

(1)工具:螺钉旋具、尖嘴钳、剥线钳、斜口钳等。

(2)仪表:万用表、兆欧表。

(3)器材:控制板、导线、紧固件、导轨、电气元件(见表15-1)。

表15-1　实训所用电气元件

符　号	名　称	型　号	规　格	数　量
M	三相异步电动机			
QF	断路器			
FU1	熔断器			
FU2	熔断器			
KM1	交流接触器			
KM2	交流接触器			
FR	热继电器			
SB1	按钮			
SB2	按钮			
KS	速度继电器			
XT	接线端子排			
R	限流电阻			
XT	接线端子排			

四、实训内容与步骤

(1)画原理图,如图15-4所示。

(2)分析线路的工作原理。教师利用控制线路示教板,通电演示讲解线路的工作原理。

(3)按表15-1配齐所用电气元件,把电气元件的型号、规格、数量填入表中,并进行质量检验。

(4)设计电气元件布置图,如图15-5所示(参考图)。

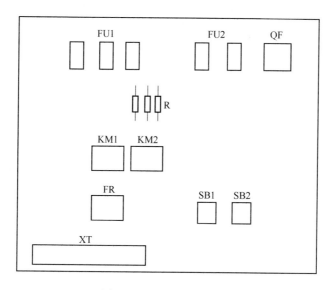

图 15-5　电气元件布置图

（5）画出电气元件接线图，如图 15-6 所示（参考图）。

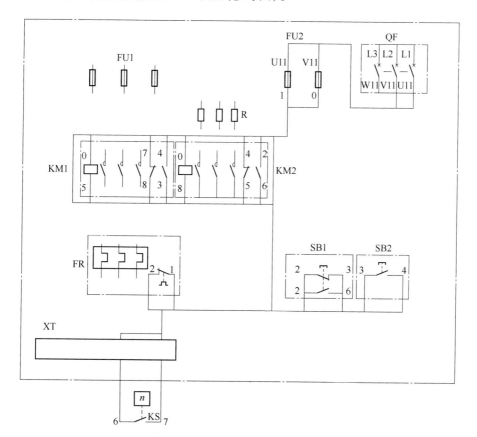

图 15-6　单向启动反接制动元件接线图

（6）在控制板上安装电气元件（参考教师安装的控制线路示教板）。

（7）按接线图进行布线（参考教师安装的控制线路示教板）。板前明线布线的工艺要求见实训课题八有关内容。

（8）自检控制板布线的正确性。

①按原理图或接线图检查接线的正确性、牢固性。按原理图或接线图从电源端开始，逐一核对接线及接线端子处线号是否正确，有无漏接、错接之处。检查导线接点是否符合要求，压接是否牢固，接点是否接触良好。

②用万用表检查线路的正确性及功能性。

控制电路检查：检查时，应选用倍率适当的电阻挡（R×100 挡），并欧姆调零。断开主电路熔断器，合上 QF，将表笔分别搭接在 L1、L2 线端上，读数应为∞。

a. 按下 SB2 不动，阻值为 KM1 线圈直流电阻值。

b. 按下 SB1 不动，阻值为∞。

c. 按下 KM1 试验按钮（或触点架），阻值为 KM1 线圈直流电阻值。

d. 按下 KM2 试验按钮（或触点架），阻值为∞。

e. 同时按下 KM1 和 KM2 试验按钮（或触点架），阻值为∞。

f. 按下 SB2 不动，再按 SB1，阻值为∞。

g. 按下 SB2 不动，再按 FR 复位按钮，阻值为∞。

主电路检查：断开控制电路熔断器，检查主电路有无开路或短路现象，此时，可用手动（按下 KM1 或 KM2 试验按钮或触点架）来代替接触器通电进行检查。

（9）用兆欧表检查线路的绝缘电阻应不得小于 1 MΩ。

（10）对控制板外部的电源线和接地线进行接线并检查其正确性。

（11）空载试运行。

（12）将电动机连接到端子排上相应的位置。

（13）通电试车。

（14）通电试车完毕，按 SB1 停车，扳动 QF 操作手柄切断电源。先断开通往接线端子排的三相电源，再拆除电动机线。

五、注意事项

（1）见实训课题十注意事项。

（2）安装速度继电器前，要分清动合触点的接线端子。

（3）速度继电器严格按照安装接线要求进行安装。

（4）通电试车时，如果制动异常，需检查速度继电器是否正常。

（5）速度继电器动作值及返回值的调整，可在教师指导下，学生自己调整。

六、故障及处理记录

把故障及处理方法填入表 15-2 中。

七、评价

将实训评分结果填入表 15-3 中。

表 15-2　故障及处理方法

故　障　现　象	原　　因	处　理　方　法

表 15-3　评　价　表

项目内容	配分	评　分　标　准	自评分	互评分	教师评分
装前检查	10	(1)表 15-1 漏填或错填,每处扣 2 分; (2)电气元件漏检或错检,每个扣 2 分			
安装元件	10	(1)电气元件安装错误、不牢固、布置不整齐、不匀称、不合理、漏装螺钉,每个扣 2 分; (2)损坏元件,每个扣 5 ~ 10 分			
布线	30	(1)接点松动、反圈、导线露铜过长(露铜超过 2 mm)、压绝缘层,导线与螺钉平压式接线柱连接不做成压接圈,接线错误,每处扣 2 分; (2)布线不平整、不紧贴安装面、通道多、不集中、有斜线、有交叉、架空线过长、主电路、控制电路不分类集中,每处扣 2 分; (3)把导线做成"死直角",损伤导线绝缘或线芯,每根扣 5 分; (4)漏接接地线,扣 10 分; (5)试车正常,但不按电路图接线,扣 10 分			
通电试车	30	(1)热继电器整定电流值未整定,扣 5 分; (2)配错熔体,主电路、控制电路,各扣 5 分; (3)操作顺序错误,每次扣 10 分; (4)第一次试车不成功扣 20 分,第二次试车不成功扣 30 分			
安全、文明操作	20	(1)违反操作规程,产生不安全因素,扣 7 ~ 10 分; (2)着装不规范,扣 3 ~ 5 分; (3)不主动整理工具、器材,工具和器材整理不规范,工作场地不整洁,扣 5 ~ 10 分; (4)不爱护工具设备,不节约能源,不节省材料,每项扣 8 ~ 10 分			
定额时间 _____		开始时间:_____　结束时间:_____ 按每超过 5 min 扣 2 分计算			
		分数合计			
总评分 = 自评分 ×20% + 互评分 ×20% + 教师评分 ×60% =					

八、知识与技能拓展

查阅资料,分析能耗制动原理及控制线路工作原理。

模块四　安装与检修电力拖动控制线路

一、课题目标

知识目标

(1)了解 CA6140 车床的主要结构、运动形式及控制要求。

(2)掌握 CA6140 车床电气控制线路原理图。

(3)熟知 CA6140 车床常见电气故障检修方法。

技能目标

(1)能正确识读分析 CA6140 车床电气控制线路。

(2)能正确检修 CA6140 车床电气控制线路。

二、相关知识

1. CA6140 车床的主要结构及型号含义

CA6140 车床的主要结构如图 16-1 所示,主要由床身、主轴变速箱、主轴、卡盘、挂轮箱、进给箱、溜板箱、刀架、尾架、丝杠和光杠等组成。

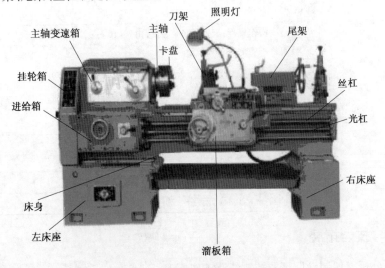

图 16-1　CA6140 车床的主要结构

车床型号含义如下：

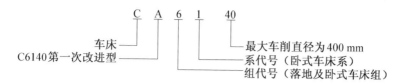

C A 6 1 40

- 车床
- C6140第一次改进型
- 最大车削直径为400 mm
- 系代号（卧式车床系）
- 组代号（落地及卧式车床组）

2. CA6140 车床的主要运动形式及控制要求

CA6140 车床的主要运动形式及控制要求见表 16-1。

表 16-1 CA6140 车床的主要运动形式及控制要求

运动种类	运动形式	控制要求
主运动	主轴通过卡盘或顶尖带动工件的旋转运动	主轴电动机直接启动； 主轴的变速是靠主轴变速箱的齿轮进行有级调速； 主轴电动机只做单向旋转，主轴正反转是靠机械方法实现
进给运动	溜板带动刀具的直线运动	主轴电动机的动力由主轴变速箱、挂轮箱传递给进给箱，再由丝杠或光杠传递给溜板箱，溜板带动刀具做纵、横方向的直线运动进给； 车螺纹时，要求主轴的转速和刀具进给的距离之间保持一定的比例关系
辅助运动	刀架的快进与快退	由刀架快速移动电动机拖动，刀架的移动方向由操作手柄控制，电动机不需正反转
	尾架的移动	由手动操作控制

3. CA6140 车床电气控制线路分析

（1）车床电气控制原理图。CA6140 车床电气控制原理图如图 16-2 所示。

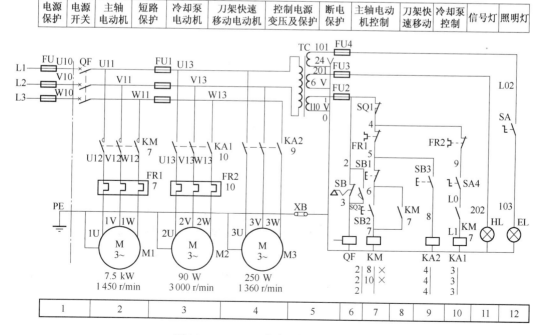

图 16-2 CA6140 车床电气控制原理图

要正确绘制和识读车床电气控制原理图,除实训课题八所介绍的绘制和识读原理图的原则要求外,还要再掌握下面原则:

①原理图按电路功能分成若干个单元,并用文字将其功能标注在原理图上部的功能栏内,如图 16-2 所示。CA6140 车床原理图按功能分为电源保护、电源开关等 13 个单元。

②将原理图划分若干图区,通常是一条回路或一条支路划分为一个图区,并从左向右依次用阿拉伯数字编号标注在下部的图区栏内,如图 16-2 所示。CA6140 车床原理图共划分了 12 个图区。

③原理图中,在每个接触器线圈下方画出两条竖直线,分成左、中、右三栏,左栏是主触点所处的图区号;中栏是辅助动合触点所处的图区号;右栏是辅助动断触点所处的图区号。每个继电器线圈下方画出一条竖直线,分成左、右两栏,左栏是动合触点所处的图区号;右栏是动断触点所处的图区号。对已备而未用的触点,在相应的栏内用记号"×"标出(或不标出任何符号),如图 16-2 所示。

(2)主电路。CA6140 车床的主电路共有三台电动机,电动机作用及控制、保护电动机的电器见表16-2。

表 16-2　电动机作用及控制、保护电动机的电器

电动机	作　用	控制电器	过载保护电器	短路保护电器
主轴电动机 M1	带动主轴旋转和刀架进给运动	交流接触器 KM	热继电器 FR1	断路器 QF
冷却泵电动机 M2	供应冷却液	中间继电器 KA1	热继电器 FR2	熔断器 FU1
快速移动电动机 M3	拖动刀架快速移动	中间继电器 KA2	无	熔断器 FU1

(3)控制电路。控制电路由控制变压器 TC 提供 110 V 交流电源,由熔断器 FU2 作短路保护。在正常工作时,行程开关 SQ1 的动合触点闭合。当打开挂轮箱后,SQ1 的动合触点断开,切断控制电路 110 V 电源,电动机停转,以保护人身安全。钥匙开关 SB 和行程开关 SQ2 在车床正常工作时是断开的,QF 的线圈不通电,断路器 QF 能合闸。当打开车床上配电箱门时,SQ2 闭合,QF 线圈得电,断路器 QF 自动断开,切断车床的总电源。

①电动机 M1 的控制:

启动:

按下SB2 ──→ KM线圈得电 ──→ ┌──→ KM自锁触点闭合 ──┐
　　　　　　　　　　　　　　├──→ KM主触点闭合 ────→ 主轴电动机M1启动运转
　　　　　　　　　　　　　　└──→ KM辅助动合触点闭合

停止:

按下 SB1 ──→ KM 线圈失电 ──→ KM 主触点断开 ──→ 主轴电动机 ──→ M1 断电停转

②电动机 M2 的控制。主轴电动机 M1 和冷却泵电动机 M2 在控制电路中实现顺序控制,只有当主轴电动机 M1 启动后,KM 的辅助动合触点闭合,合上开关 SA4,中间继电器 KA1 吸合,冷却泵电动机 M2 才能启动。当 M1 停转或断开开关 SA4 时,冷却泵电动机 M2 停转。

③电动机 M3 的控制。刀架快速移动电动机 M3 是由安装在进给操作手柄上的按钮 SB3 点控制。将手柄扳到所需移动的方向,按下 SB3,KA2 得电吸合,电动机 M3 启动运转,刀架沿指定的方向快速移动。

（4）照明与信号指示电路。由控制变压器 TC 提供 24 V 和 6 V 电压，分别作为车床照明和指示灯的电源。由灯开关 SA 控制照明灯 EL，照明电路由 FU4 作短路保护。HL 为电源指示灯，信号指示电路由 FU3 作短路保护。

4. CA6140 车床电气控制线路常见故障检修（见表 16-3）

表 16-3　CA6140 车床电气控制线路常见故障检修

故　障　现　象	故　障　原　因	检　修　方　法
主轴电动机 M1 不能启动	（1）FU 熔断、QF 接触不良、KM 主触点接触不良、连接导线接触不良、主轴电动机 M1 损坏； （2）SQ1、FR1、SB1、SB2、KM 线圈、TC 损坏或接触不良，连接导线接触不良、FU1 熔断	首先检查 KM 是否吸合。 若 KM 吸合，则故障发生在主电路： （1）断开 QF，用万用表 R×1 挡检测 KM 主触点、连接导线、电动机 M1、FR1 热元件。断开 L1、L2、L3 三相总电源，用万用表 R×1 挡检测 FU、QF。查找故障部位，修复或更换元件。 （2）合上 QF，用万用表交流挡（500 V）测 U10、V10、W10 之间电压，U11、V11、W11 之间电压，U12、V12、W12 之间电压，1U、1V、1W 之间电压，根据电压是否正常找出故障部位。 若 KM 不吸合： （1）信号灯亮，则故障发生在控制电路，断开 QF，取下 FU2 熔断器，用万用表 R×1 挡检测 SQ1、FR1、SB1、SB2、KM 线圈、TC 线圈，查找故障部位，修复或更换元件。 （2）信号灯不亮，则故障发生在电源电路，合上 QF，用万用表交流挡（500 V）测 U13、V13 之间电压，U11、V11 之间电压，U10、V10 之间电压，根据电压是否正常找出故障部位，修复或更换元件
主轴电动机 M1 不能自锁	接触器 KM 的自锁触点接触不良或连接导线松脱	断开 QF，用万用表 R×1 挡检测 KM 自锁触点（6、7）及相关连线。 或者合上 QF，用电压测量法测 KM 自锁触点两端的电压，若电压正常，故障是自锁触点接触不良，若无电压，故障是连线（6、7）断线或接触不良
主轴电动机 M1 不能停止	KM 主触点熔焊；停止按钮 SB1 被击穿或线路中 5、6 两点连接导线短路；KM 铁芯端面被油垢粘牢不能脱开	断开 QF，若 KM 释放，说明故障是停止按钮 SB1 被击穿或导线短路；若 KM 过一段时间释放，则故障为铁芯端面被油垢粘牢；若 KM 不释放，则故障为 KM 主触点熔焊。用电阻测量法检测有关元件，找出故障部位，修复或更换元件
主轴电动机运行中停车	热继电器 FR1 动作，动作原因可能是：电源电压不平衡或过低；整定值偏小；负载过重，连接导线接触不良等	用观察法、电压测量法及电阻测量法找出 FR1 动作的原因，排除后使其复位
照明灯 EL 不亮	灯泡损坏；FU4 熔断；SA 触点接触不良；TC 二次绕组断线或接头松脱；灯泡和灯头接触不良等	用观察法、电压测量法及电阻测量法找出故障部位，修复或更换元件

三、工具、仪表及器材

（1）工具：螺钉旋具、尖嘴钳、剥线钳、斜口钳、压线钳等。
（2）仪表：万用表、兆欧表、钳形电流表、测电笔等。
（3）器材：导线、针形及 U 形接线端子等。

四、实训内容与步骤

（1）在指导教师的指导下对车床进行操作，熟悉车床的主要结构和运动形式，了解车床的各种工作状态和操作方法。

（2）对照原理图观察车床电气元件的实际位置和布线情况。

（3）认真听取和仔细观察指导教师的示范检修。在 CA6140 车床上人为设置一处典型的自然故障点，指导教师边检修边讲解检修步骤：

①通电试验，观察故障现象。

②根据故障现象，识读原理图，分析确定故障范围。

③采取适当的检查方法查出故障点，并正确地排除故障。

④故障排除后，再进行通电试车，以确认检修正确，并做好维修记录。

（4）指导教师在每台车床线路中各人为设置一处不同的自然故障点，在指导教师的启发引导下，由学生按照检修步骤和检查方法进行检修，并把每台车床的故障排除记录表填好。

五、注意事项

（1）检修前要认真识读分析原理图。

（2）按照检修步骤和检查方法进行检修。

（3）检修时，正确使用工具和仪表。

（4）停电要验电，带电检修时，必须有指导教师在现场监护，以确保人身和设备安全。

六、故障排除记录表

把故障及处理方法填入表 16-4 中。

表 16-4　故障及处理方法

故 障 现 象	原　因	处 理 方 法

七、评价

将实训评分结果填入表 16-5 中。

表 16-5　评　价　表

项目内容	配分	评 分 标 准	自评分	互评分	教师评分
故障分析	20	(1)检修前不认真识读分析原理图,扣 10 分; (2)分析确定故障范围不正确,扣 4~8 分; (3)表 16-4 填写不正确,扣 10 分			
排除故障	60	(1)检修步骤不正确,扣 5~8 分; (2)检修方法不正确,扣 10 分; (3)损坏仪表,扣 30 分; (4)产生新故障,扣 30 分; (5)不能排除故障点,扣 60 分			
安全、文明操作	20	(1)违反操作规程,产生不安全因素,扣 7~10 分; (2)着装不规范,扣 3~5 分; (3)不主动整理工具、器材,工具器材整理不规范,工作场地不整洁,扣 5~10 分; (4)不爱护工具设备,不节约能源,不节省材料,每项扣 8~10 分			
定额时间_____		开始时间:_____结束时间:_____ 按每超过 5 min 扣 2 分计算			
分数合计					
总评分 = 自评分 ×20% + 互评分 ×20% + 教师评分 ×60% =					

八、知识与技能拓展

到工厂中观察除 CA6140 车床之外的普通机床(Z37 摇臂钻床、M7130 平面磨床等)的外形及主要结构,查阅其电气控制线路原理图,对电气控制线路进行分析。把收集到的原理图进行整理,作为维修资料备用。

安装与调试电子电路

知识目标

(1) 掌握万用表的结构与万用表测量线路原理。

(2) 理解串联型晶体管稳压电源工作原理。

技能目标

(1) 能正确安装与调试万用表。

(2) 能用仪表检测电子元件。

(3) 能正确安装与调试串联型晶体管稳压电源。

一、课题目标

知识目标

（1）掌握万用表的结构。

（2）掌握万用表测量线路原理。

技能目标

（1）能对万用表所用元件进行识别与测量。

（2）能正确安装与调试万用表。

二、相关知识

1. MF47 型万用表的结构

MF47 型万用表的结构主要由表头、测量线路、转换开关三部分组成。表头里有个直流微安表，用来指示测量值。表头上还设有机械调零旋钮（螺钉），用以校正指针在左端指零位。

测量线路将不同性质和大小的被测电量转换为表头所能接受的直流电流，MF47 型万用表可以测量直流电流、直流电压、交流电压和电阻等多种电量。

万用表的选择开关是一个多挡位的旋转开关，用来选择被测电量的种类和量程（或倍率）。

2. 万用表原理图

万用表原理图如图 17-1 所示。

3. 测量线路原理

（1）表头线路。与直流微安表串联的电位器 WH2，用于调节表头回路中的电流大小。

VD3、VD4 两个二极管反向并联再与电容器 C1 并联，限制表头两端的电压，使表头不会因电压、电流过大而烧坏。

VD5、VD6 两个二极管反向并联再与电容器 C2 并联，用于在测量直流电流和直流电压过程中，对表头做进一步的保护。

表头有正负极，不能接反，其满偏电流为 46.2 μA，为满足测量各种电量的需要，需通过串联电阻器，扩大电压量程；通过并联电阻器，扩大电流量程，通常测量一个电量，要经过几次扩展，在本电路中 WH2，WH1，R21，R22 都起到了扩展表头量程的作用。

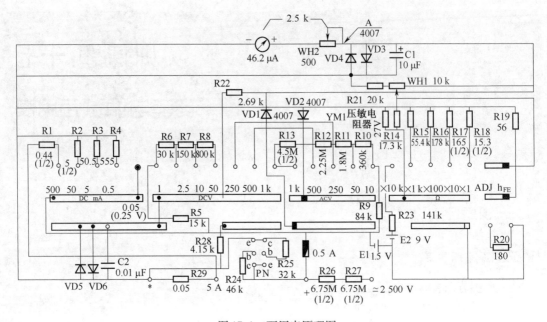

图 17-1　万用表原理图

本图样中凡电阻阻值未注明单位者为 Ω,功率未注明者为 1/4 W

（2）直流电流测量线路:

①直流电流测量原理简图如图 17-2 所示。

②直流电流测量线路分解图如图 17-3 所示。

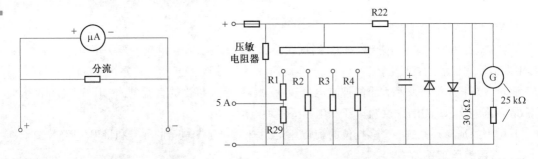

图 17-2　直流电流测量原理简图　　　　图 17-3　直流电流测量线路分解图

本电路通过 R1、R2、R3、R4 的分流作用把表头(电流计)扩展为 500 mV、50 mV、5 mV、0.5 mV 四个量程;通过 R29 的分流作用,扩展出 5 A 的量程,电阻越小,量程越大。

（3）直流电压测量线路:

①直流电压测量原理简图如图 17-4 所示。

②直流电压测量线路分解图如图 17-5 所示。

表头部分串联不同阻值的电阻器实现不同的电压量程。如串联 R5、R6,实现 2.5 V 的量程,串联的电阻器越多(阻值越大)量程越大,如图 17-5 (a) 所示。

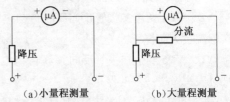

（a）小量程测量　　　（b）大量程测量

图 17-4　直流电压测量原理简图

通过 R28 的分流作用,对表头部分进一步扩展,使本电路可输入更大的电流。R9,R10,R11,R12,R13 在电路中起到分压作用,串联不同的电阻器实现不同的电压量程如图 17-5(b)所示。

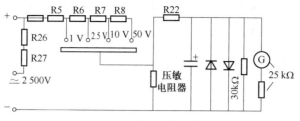

(a)直流电压挡小量程电路

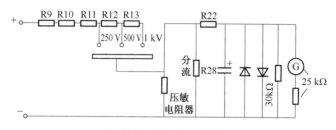

(b)直流电压挡大量程电路

图 17-5 直流电压测量线路分解图

(4)交流电压测量线路:

①交流电压测量原理简图如图 17-6 所示。

②交流电压测量线路分解图如图 17-7 所示。

因为表头只能通过直流电流,所以测量交流电压时,需加装一个并、串式半波整流电路。这样,交流电压经半波整流后,通过表头的电流就是直流电流,然后依据所测直流电流大小换算出交流电压大小。扩展交流电压量程的方法与扩展直流电压量程的方法相似。

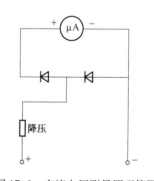

图 17-6 交流电压测量原理简图

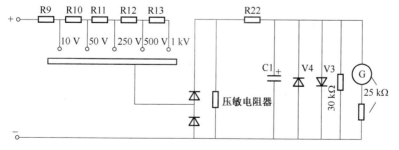

图 17-7 交流电压测量线路分解图

(5)电阻测量线路:

①电阻测量原理简图如图 17-8 所示。

模块五 安装与调试电子电路

②电阻测量线路分解图如图 17-9 所示。

在表头上并联和串联适当的电阻器,同时串联电池,当被测电阻接入测量电路中,根据电流的大小,可测量出电阻值。并联不同的电阻器(R15、R16、R17、R18),就能改变测电阻的倍率挡,如图 17-9(a)所示。

10 k 挡电阻测量线路如图 17-9(b)所示,该线路增加一节 9 V 的迭层电池,通过串联 R23 扩展表头内阻,达到测量较大电阻的目的。

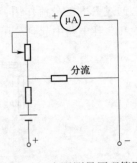

图 17-8 电阻测量原理简图

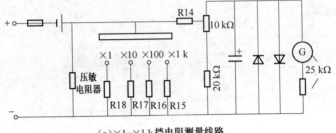

(a)×1-×1 k 挡电阻测量线路

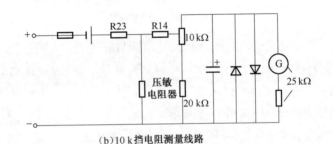

(b)10 k 挡电阻测量线路

图 17-9 电阻测量线路分解图

(6)晶体管测量线路,如图 17-10 所示。

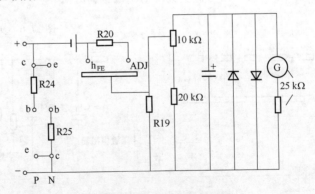

图 17-10　晶体管测量线路

测量晶体管放大倍数,其实是要组成放大电路,将放大倍数转化为电流量显示出来,其中

R24,R25 分别为测量 PNP 和 NPN 放大电路的基极偏置电阻。

4. 电阻器上的色环所代表的意义(见表 17-1)

表 17-1　电阻器上的色环所代表的意义

颜色	有效数字	乘数	偏差(%)	颜色	有效数字	乘数	偏差(%)
银色	—	10^{-2}	±10	黄色	4	10^4	—
金色	—	10^{-1}	±5	绿色	5	10^5	±0.5
黑色	0	10^0	—	蓝色	6	10^6	±0.2
棕色	1	10^1	±1	紫色	7	10^7	±0.1
红色	2	10^2	±2	灰色	8	10^8	—
橙色	3	10^3	—	白色	9	10^9	—

5. 二极管正负极判断

二极管内部结构及图形符号如图 17-11 所示。

二极管的 PN 结具有单向导电性,利用万用表欧姆挡(R×100 或 R×1 k)可判断二极管正负极,如图 17-12 所示。

图 17-11　二极管内部结构及图形符号

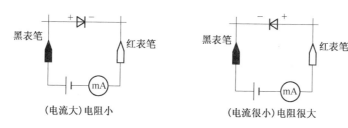

图 17-12　判断二极管正负极原理

6. 电解电容器识别

电解电容器外形如图 17-13 所示。长的引脚为正极,短的引脚为负极,或根据电解电容器外壳上的负极标记来确定正负极。

7. 电位器

电位器有三个引脚的也有五个引脚的,五个引脚的电位器多了两个粗的引脚,主要用于固定电位器,另外三个并排的引脚中,1、3 两点为固定触点,2 为可动触点,如图 17-14 所示。当旋钮转动时,1、2 或者 2、3 间的阻值发生变化。电位器实质上是一个滑线式变阻器。安装前应用万用表测量电位器的阻值,电位器 1、3 为固定触点,2 为可动触点,1、3 之间的阻值应为总阻值,拧动电位器的黑色旋钮,测量 1 与 2 或者 2 与 3 之间的阻值应在零和最大值之间变化。如果没有阻值,或者阻值不改变,说明电位器已经损坏,不能安装。

图 17-13　电解电容器外形

8. 焊接技术

(1)焊接是通过加热使铅锡焊料融化后,借助于助焊剂的作用,在被焊金属表面形成合金点而达到永久性连接。利用焊接的方法形成的接点称为焊点。

(2)焊接的阶段:熔融焊料在金属表面的润湿阶段;熔融焊料在金属表面的扩散阶段;接触面上的金属化合阶段。

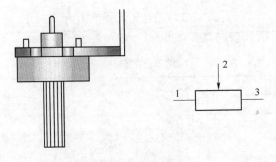

图 17-14 电位器

（3）焊点界面层的凝固结晶分为：表面层、焊料层、合金层。

（4）焊点形成的条件：

①被焊金属应有良好的可焊性。

②被焊金属材料表面应清洁。助焊剂使用要适当。

③焊料融化后应有较强的浸润性。

④要有足够的焊接温度和适当的焊接时间。

⑤选择助焊性能合适的助焊剂。

（5）手工焊接方法：

①选择合适的焊接工具。

②电烙铁的握法：反握、正握、握笔法。

③焊锡丝的拿法：连续焊锡丝拿法和断续焊锡丝拿法。

④手工焊接的方法：五步法，即

a. 准备焊接。

b. 加热焊件。

c. 融化焊料。

d. 移开焊锡。

e. 移开烙铁（烙铁头撤离方向应与水平方向成45°角）。

（6）元件引线成型注意以下几点：

①所有元件引线均不得从根部弯曲，应留1.5 mm以上。

②弯曲一般不要成死角，圆弧半径应大于引线直径的1~2倍。

③要尽量将有字符的元件置于容易观察的位置。

（7）元件的插装：

①卧式插装法。卧式插装法分为贴板插装与悬空插装，贴板插装简单但不利于散热，悬空插装利于散热但较复杂，悬空高度一般取2~6 mm。

②立式插装法。立式插装法优点是密度较大，占面积小，拆卸方便。

③晶体管的安装：

a. 安装前先识别引脚。

b. 选择立式安装引线不宜太长，一般取3~5 mm。

对于一些大功率自带散热片的塑封晶体管往往需加散热片。

三、工具、仪表及器材

（1）工具：螺钉旋具、尖嘴钳、斜口钳、镊子、电烙铁、剪刀等。

（2）仪表：万用表、电容表。

（3）器材：万用表套件、焊锡丝、松香、插排、电源线、导线、盒子、可调低压电源、变阻箱、元件。

四、实训内容与步骤

（1）识读万用表原理图。

（2）根据原理图，选择和检测元件。

（3）根据电阻器上的色环读出每个电阻器的阻值，并与万用表测量值相比较。

（4）用万用表检测二极管的极性和性能。

（5）分辨电解电容器的正负极，并用电容表检测电容器的电容量。

（6）用万用表检测电位器。

（7）用万用表检测保险管的好坏。

（8）观察 MF47 型印制电路板（如图 17-15 所示），注意元件应该插装的位置。

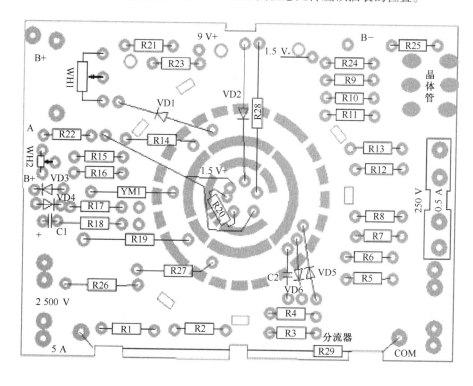

图 17-15　MF47 印制电路板

（9）安装前应根据元件的安装需要，用镊子将元件引脚整形，如图 17-16 所示。

（10）插装、焊接元件顺序：电阻、二极管、电容器、保险夹、电源表头的引线、晶体管插孔等。

（11）检查焊接质量：

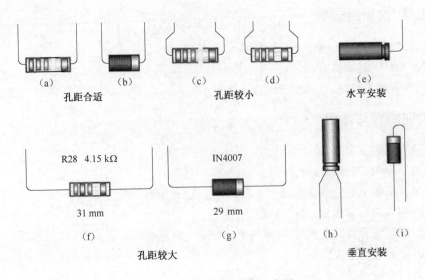

（a）孔距合适　　（b）　　（c）孔距较小　　（d）　　（e）水平安装

R28　4.15 kΩ

IN4007

31 mm

29 mm

（f）孔距较大　　（g）　　（h）　　（i）垂直安装

图 17-16　元件引脚整形示意图

①是否有漏焊，漏焊是指应该焊接的焊点没有焊上。

②焊点的光泽好不好。

③焊点的焊料足不足。

④焊点的周围是否有残留的助焊剂。

⑤有没有连焊。

⑥焊盘是否有脱落。

⑦焊点有没有裂纹。

⑧焊点是否凹凸不平。

⑨焊点是否有拉尖现象。

（12）整表组装：

①将引线的另一端和表头相接。

②焊接电池极板。

③安装提把。

④安装电刷旋钮。

⑤安装挡位开关旋钮。

⑥安装印制电路板。

⑦装电池和后盖。

（13）调试：

①查看组装的万用表的指针是否对准零刻度线，如果没有对准，则进行机械调零。

②把万用表旋到 0.25 V/0.05 mA 处，用标准万用表测量" + "" – "插孔两端的电阻值，阻值应该在 5.1 kΩ 左右，若不符，应调整电位器 WH2。

③挡位开关旋钮旋到欧姆挡的各个量程，分别将表笔短接，然后调节欧姆调零旋钮，观察指针是否指到零刻度线上。

④选择可调低压电源直流电压挡,用组装的万用表相应直流电压挡进行测量,并与低压电源上显示的数值及标准万用表测量值进行比较。

⑤把组装的万用表调至交流电压挡 250 V,测量插座上的 220 V 交流电压,并与标准万用表测量值进行比较;把组装的万用表调至交流电压挡 500 V,测量插座上的 380 V 交流电压,并与标准万用表测量值进行比较。

⑥利用变阻箱调节出不同的电阻值,选择合适的欧姆挡位,测量其阻值,并与标准万用表测量值进行比较。

⑦利用可调电源直流电压挡和变阻箱阻值搭配,得出几组不同的电流值,并用组装万用表进行测量,与计算结果及标准万用表测量值进行比较。

⑧用组装万用表 h_{FE} 挡测量 NPN 型和 PNP 型晶体管的放大倍数,并与标准万用表测量值进行比较。

五、注意事项

(1)把元件及时放在专用的盒子内,避免丢失元件。

(2)判断、检测元件时,不能把元件的引脚折断。

(3)安装元件时,先用镊子把元件引脚整形。

(4)元件引脚有污染的,先要除去污染。

(5)有极性的元件安装时,不能把极性装反。

(6)使用新电烙铁时,先给电烙铁上锡(吃锡)。

(7)不能让电烙铁把电烙铁电源线烫损。

(8)不要用嘴吹的方法冷却焊点。

(9)焊接时一定要注意电刷轨道上一定不能粘上锡,否则会严重影响电刷的运转。

(10)在每一个焊点加热的时间不能过长,否则会使焊盘脱开或脱离印制电路板。

(11)对焊点进行修整时,要让焊点有一定的冷却时间,否则不但会使焊盘脱开或脱离印制电路板,而且会使元件温度过高而损坏。

(12)焊接时不允许用电烙铁运载焊锡丝,因为烙铁头的温度很高,焊锡在高温下会使助焊剂分解挥发,易造成虚焊等焊接缺陷。

(13)安装电位器时应捏住电位器的外壳,平稳地插入,不应使某一个引脚受力过大,不能捏住电位器的引脚安装,以免损坏电位器。

(14)万用表调试时,选择合适的量程,遵守万用表的使用规范。

(15)测量高电压时,注意万用表的量程选择,并一定注意安全。

(16)测量直流电压和直流电流,表笔不要接错。

(17)可调低压电源在使用中注意直流挡和交流挡的选择。

六、故障及处理记录

把故障及处理方法填入表 17-2 中。

表 17-2　故障及处理方法

故　障　现　象	原　因	处　理　方　法

七、评价

将实训评分结果填入表 17-3 中。

表 17-3　评　价　表

项目内容	配分	评分标准	自评分	互评分	教师评分
装前检查	10	电子元件检测不正确,每只扣2分			
安装元件	10	(1)元件引脚整形不符合要求或折断引脚,每只扣1分; (2)电路板上元件安装不符合要求,每只扣1分; (3)有极性的元件极性装反,每只扣3~5分; (4)损坏元件,每只扣2分			
焊接	25	(1)焊接方法错误,扣3~5分; (2)漏焊、连焊、焊接不牢,每处扣2~5分; (3)焊盘脱落,每处扣5分; (4)焊点光泽不好、焊料不足、有裂纹、凹凸不平、拉尖、焊点周围残留的焊剂较多、焊点处电子元件引脚过长,每处扣1分; (5)损坏电烙铁,扣10分			
万用表组装	20	(1)构件不能正确安装,每处扣2分; (2)连线不正确,每处扣4分; (3)不能使万用表实现相应功能,每处扣5分			
万用表调试与故障排除	20	(1)不能正确调试万用表,扣10分; (2)排除故障的顺序不对,扣5分; (3)不能排除故障,扣15分; (4)产生新故障,扣10分			
安全、文明操作	15	(1)违反操作规程,产生不安全因素,扣7~10分; (2)着装不规范,扣3~5分; (3)不主动整理工具、器材,工具和器材整理不规范,工作场地不整洁,扣5~10分; (4)不爱护工具设备,不节约能源,不节省材料,每项扣8~10分			
定额时间_____		开始时间:_____结束时间:_____ 按每超过20 min扣2分计算			
		分数合计			
总评分 = 自评分 ×20% + 互评分 ×20% + 教师评分 ×60% =					

八、知识与技能拓展

数字式万用表的结构框图如图 17-17 所示。

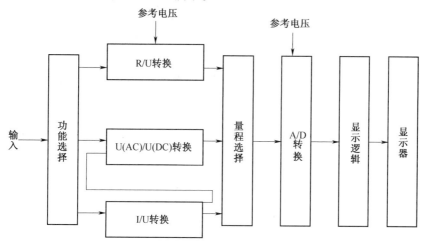

图 17-17 数字式万用表的结构框图

A/D 转换器是数字式万用表的核心,它的作用是将连续变化的模拟量转换为数字量,而且其决定数字式万用表技术性能的基本特征。

从图 17-17 可以看出,被测量经功能转换电路(R/U、U/U、I/U)后都变成直流电压量,再由 A/D 转换器转换成数字量,最后以数字形式显示出来。指针式万用表则是把被测量通过各种转换电路(R/I、I/I、U/I)转换成电流量,通过一个磁电式电流表指示。

数字式万用表中的 A/D 转换器的型号多种多样,但都为大规模集成电路,典型的型号有 7106、7116、7136、7129 等,其中前三个为 $3\frac{1}{2}$ 位(3 又 $\frac{1}{2}$ 位的最高位只能显示 0 或 1,最大显示值为 1 999)。目前的数字式万用表多数采用双积分式 A/D 转换器完成 A/D 转换,该集成电路还具有能直接驱动液晶显示器的显示逻辑电路。为此,该集成电路的性能好坏决定了数字式万用表的特性。

数字式万用表测量功能的转换是通过拨挡开关或琴键来完成的,其量程的切换可通过手动方式进行,也可通过切换电路的方式进行。

实训课题 **十八**

安装与调试串联型晶体管稳压电源

一、课题目标

知识目标

(1)理解用万用表判断晶体管 b、c、e 极原理。

(2)理解串联型晶体管稳压电源工作原理。

(3)理解并掌握输出电压 U_o 公式。

技能目标

(1)能熟练用万用表判断二极管的极性及晶体管 c、b、e 脚和放大倍数;能从电子元件标注中确定参数。

(2)能用仪表测量电子元件的质量及数值。

(3)能正确安装与调试串联型晶体管稳压电源。

(4)会用双踪示波器观察电压波形。

二、相关知识

1. 串联型晶体管稳压电源

串联型晶体管稳压电源原理图如图 18-1 所示。其工作原理如下:

(1)220 V 的交流电压经过变压器 T 降压,在二次侧输出 15 V 交流电压。

(由式 $\dfrac{U_1}{U_2} = \dfrac{N_1}{N_2} = \dfrac{I_2}{I_1}$ 知,一次绕组匝数多,电流小,导线细;二次绕组匝数少,电流大,导线粗。

由 $R = \rho \dfrac{L}{S}$ 可知,一次绕组直流电阻大,二次绕组直流电阻小。用欧姆表测量绕组的直流电阻大小,可判断降压变压器的一次绕组与二次绕组。)

(2)由 VD1 ~ VD4 组成桥式整流电路,把降压变压器输出的交流电变成脉动直流电。

(单相桥式整流电路中 $U_L = 0.9U_2$,$I_L = 0.9\dfrac{U_2}{R_L}$,二极管的平均电流是负载平均电流的一半,即

$I_V = \dfrac{1}{2}I_L = 0.45\dfrac{U_2}{R_L}$,二极管承受的反向电压的最大值,$U_{RM} = \sqrt{2}\,U_2$)

(3)经 C1 滤波,把整流电路输出的脉动直流电压变成较为平稳的直流电压。

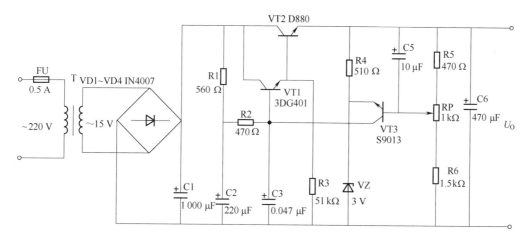

图 18-1 串联型晶体管稳压电源原理图

（整流电路中接入滤波电容器后，其 C1 两端电压可按下列公式进行估算：半波整流 $U_C = U_2$，桥式整流 $U_C = 1.2U_2$，负载开路 $U_C = \sqrt{2}\,U_2$）

（4）R1、C2 和 R2、C3 组成两节 RC 滤波电路，减小纹波电压对 VT1 的影响，同时，R1、R2 既是 VT3 的负载电阻，又是 VT1 的偏置电阻。

（5）由 VT1 和 VT2 构成复合调整管，提高放大倍数，$\beta = \beta_1\beta_2$。（单个大功率管 β 较小）R3 为 VT1 的穿透电流提供分流支路，减小复合管穿透电流大而影响稳压性能，即提高调整管的稳定性。

（6）由 R4 和 VZ 组成基准稳压电路，R4 不仅有限流作用，还有调节电压作用，R4 与 VZ 配合共同稳定 VT3 发射极电压。

（7）VT3 是比较放大管，R5、RP、R6 组成采样电路。VT3 基极输入采样电压，发射极接基准电压，在发射极结上形成误差电压，由 VT3 放大后，从集电极输出反映输出电压变化的误差电压。这个误差电压送入 VT1 的基极，由发射极输出送到大功率管 VT2 的基极，从而调整 VT2 集电极与发射极间的电压，稳定输出电压。

（8）C5 作用是将输出电压中的纹波成分送到 VT3 的基极，从而提高稳压电路对输出电压纹波的抑制能力（C5 又称加速电容）。

（9）稳压原理如下：

当电网电压升高或负载变轻时，

$U_{C1}\uparrow(R_L\uparrow)\rightarrow U_o\uparrow\rightarrow U_{B3}\uparrow\rightarrow U_{BE3}\rightarrow I_{B3}\uparrow\rightarrow I_{C3}\uparrow\rightarrow U_{B1}\downarrow\rightarrow I_{B1}\downarrow\rightarrow U_{CE2}\uparrow\rightarrow U_o\downarrow$。

当电网电压下降或负载加重时，其稳压过程请读者自行分析。

（10）输出稳定电压的调节：

在忽略 VT3 的基极电流的情况下，$U_{B3} = \dfrac{U_6 + R_{P(\text{下})}}{R_5 + R_6 + R_P}U_o$

$$U_o = \frac{R_5 + R_6 + R_P}{R_6 + R_{P(\text{下})}}(U_Z + U_{BE3})$$

只要改变 RP 滑动触点的位置，即可调整输出电压 U_o 的大小。

2. 用万用表判断晶体管 b、c、e 极

（1）晶体管符号、结构及判断 b 极等效图如图 18-2 所示。

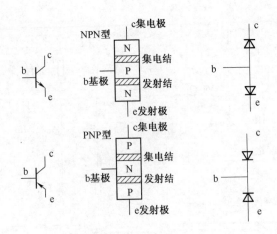

图 18-2 晶体管符号、结构及判断 b 极等效图

（2）晶体管 b 极的判断方法如下：

将万用表置于 R×100 或 R×1 k 挡，引用两表笔测晶体管的任意两引脚的电阻值。

①若电阻值很小，说明有一引脚是 b 极。黑表笔不动，用红表笔再去测另一引脚。

a. 若电阻值很小，则黑表笔所接的引脚为 b 极，且为 NPN 型管。

b. 若电阻值很大，则第一次与红表笔所接的引脚为 b 极，且为 PNP 型管。

②若电阻值很大，将两表笔对调再测。

a. 若电阻值仍很大，则未测的引脚就是 b 极。红表笔不动，再用黑表笔测 b 极，可确定类型（若电阻很小，则为 NPN 型管；若电阻很大，则为 PNP 型管）。

b. 若电阻值很小，则可按第①步的方法进行检测。

（3）利用万用表欧姆挡（R×100 或 R×1 k）判断晶体管 c、e 极的原理示意图如图 18-3 所示。

（4）利用万用表 h$_{FE}$ 挡判断 c、e 极（原理图同图 18-3）。把已知 b 极的晶体管的 b 极必须插入相应管型的 b 孔中，未知的两极分别插入 c、e 孔中，记下电流放大倍数，然后对调未知的两极再分别插入 c、e 孔中，记下电流放大倍数，电流放大倍数较大的一次说明插入 c 孔的为 c 极，插入 e 孔的为 e 极。

三、工具、仪表及器材

（1）工具：螺钉旋具、尖嘴钳、斜口钳、镊子、电烙铁等。

（2）仪表：万用表、电容表、双踪示波器。

（3）器材：单相自耦变压器、电阻箱、印制电路板、焊锡丝、松香、插排、电源线、导线、盒子、元件。

四、实训内容与步骤

（1）分析图 18-1 串联型晶体管稳压电源的电路组成和工作原理。

（2）用万用表判断二极管的极性及晶体管引脚和放大倍数。

（3）用万用表判断降压变压器的一次绕组与二次绕组。

（4）辨认色环电阻器的阻值并与用万用表测量的数值比较。

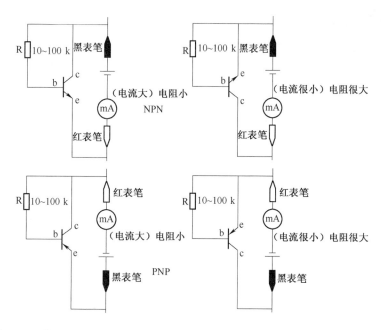

图 18-3　利用万用表欧姆挡（R×100 或 R×1 k）判断晶体管 c、e 极原理示意图

（5）用电容表测量电容器的电容量。

（6）对元件进行整形、安装和焊接。

（7）对照电路图检查安装焊接是否正确。

（8）由指导教师检查后并在教师的指导下通电。

（9）测量 VZ 的稳压值 U_Z。

（10）计算 U_o 电压范围，并与实测值比较。

（11）用双踪示波器观察 C1、C6 两端的电压波形并比较。

（12）调节单相自耦变压器输出电压使输入到降压变压器一次绕组的电压在 200～240 V 之间变化，观察 C1、C6 两端的电压变化。

（13）改变负载电阻的阻值（在 50～300 Ω 之间变化），观察 C6 两端的电压变化。

五、注意事项

（1）见实训课题十七注意事项。

（2）通电前一定要对照电路图检查安装焊接是否正确。

（3）通电前把工作台面整理干净，防止电路板与其他金属体相接。

（4）印制电路板与交流 220 V 电压相接铜箔可用绝缘胶带遮盖，防止触电。

（5）由指导教师检查后并在教师的指导下通电调试及故障排除。

（6）调节电位器时要慢慢旋转。

（7）检测电压数值时，电压挡选择要正确。

（8）正确使用单相自耦变压器，注意安全。单相自耦变压器输出电压在 200～240 V 之间变化。

（9）负载电阻的阻值不小于 50 Ω。

(10)正确使用双踪示波器。

六、故障及处理记录

把故障及处理方法填入表18-1中。

表18-1　故障及处理方法

故 障 现 象	原　因	处 理 方 法

七、评价

将实训评分结果填入表18-2中。

表18-2　评　价　表

项目内容	配分	评 分 标 准	自评分	互评分	教师评分
装前检查	5	元件检测不正确,每只扣2分			
安装元件	10	(1)元件引脚整形不符合要求或折断引脚,每只扣1分; (2)电路板上元件安装不符合要求,每只扣1分; (3)有极性的元件极性装反,每只扣5~10分; (4)损坏元件,每只扣2~6分			
焊接	30	(1)焊接方法错误,扣3~5分; (2)漏焊、连焊、焊接不牢,每处扣5~10分; (3)焊盘脱落,每处扣5~10分; (4)焊点光泽不好、焊料不足、有裂纹、凹凸不平、拉尖、焊点周围残留的焊剂较多、焊点处元件引脚过长,每处扣1分; (5)损坏电烙铁扣10~20分			
通电、检测、调试	20	(1)通电、检测操作顺序错误,每次扣5分; (2)检测方法错误,每次扣5分; (3)检测数值不正确,每处扣5分; (4)输出电压调试不正确,扣10分; (5)损坏仪表,扣10~20分; (6)第一次通电不成功扣10分,第二次通电不成功扣20分			

项目内容	配分	评 分 标 准	自评分	互评分	教师评分
故障排除	15	(1)故障分析不正确,扣5分; (2)排除故障的顺序不正确,扣5分; (3)不能排除故障,扣15分; (4)产生新故障,扣10分; (5)损坏电子元件,扣10分			
安全、文明操作	20	(1)违反操作规程,产生不安全因素,扣7~10分; (2)着装不规范,扣3~5分; (3)不主动整理工具、器材,工具和器材整理不规范,工作场地不整洁,扣5~10分; (4)不爱护工具设备,不节约能源,不节省材料,每项扣8~10分			
定额时间_____		开始时间:_____结束时间:_____ 按每超过20 min扣2分计算			
分数合计					
总评分 = 自评分×20% + 互评分×20% + 教师评分×60% =					

八、知识与技能拓展

1. 集成稳压器的分类及主要参数

集成稳压器按引出端和使用情况来分类,大致可分为多端可调式、三端固定式、三端可调式及单片开关式等几种,其中以三端固定式集成稳压器应用最广。三端固定式集成稳压器有三个引脚,外形与晶体管相似。

(1)三端固定式集成稳压器。三端固定式集成稳压器的三端是指电压输入端、电压输出端、公共接地端。所谓"固定"是指该稳压器有固定的电压输出。典型的产品有 CW78×× 正电压输出系列和 CW79×× 负电压输出系列,其外形及引脚如图 18-4 所示。

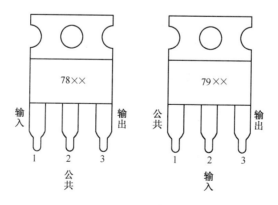

图 18-4　三端固定式集成稳压器的外形及引脚

例如:CW78L15 表示输出电压 +15 V、输出电流 100 mA 的固定式稳压器;CW7915 表示输出电压 -15 V、输出电流 1.5 A 的固定式稳压器。

主要参数：

①最小输入电压 U_{Imin}。集成稳压器进入正常稳压工作状态的最小工作电压即为最小输入电压 U_{Imin}。若低于此值,稳压器性能变差。

②最大输入电压 U_{Imax}。稳压器安全工作时允许外加的最大输入电压。若超过此值,稳压器有被击穿的危险。

③输出电压 U_0。稳压器的参数符合规定指标时的输出电压。

④最大输出电流 I_{OM}。稳压器能保持输出电压不变的最大输出电流,一般也认为它是稳压器的安全电流。

(2)三端可调式集成稳压器。三端可调式集成稳压器的三端是指电压输入端、电压输出端、电压调整端。它的输出电压可调,而且也有正负之分。比较典型的产品有输出正电压的 CW117/CW217/CW317 系列及输出负电压的 CW137/CW237/CW337 系列,它们的输出电压分别在 ±(1.2~37)V 间连续可调。

主要参数：

①最小输入输出电压差 $(U_1 - U_0)_{min}$。指稳压器能正常工作的输入电压与输出电压之间的最小电压差值。若输入输出电压差小于 $(U_1 - U_0)_{min}$,则稳压器输出纹波变大,性能变差。

②输出电压范围。指稳压器参数符合指标要求时的输出电压范围,即用户可以通过采样电阻而获得的输出电压范围。

2. 集成稳压器的使用

使用集成稳压器应注意以下几点：

(1)在接入电路前,要弄清楚各引脚的作用。如 CW78×× 系列和 CW79×× 系列集成稳压器的引脚功能就有很大不同。CW78×× 系列中：1 为输入端;2 为公共端;3 为输出端。在 CW79×× 系列中：1 为公共端;2 为输入端;3 为输出端。安装时,要注意区分,避免接错。

(2)使用时,对要求加散热装置的,必须加符合条件的散热装置。

(3)严禁超负荷使用。

(4)安装焊接要牢固可靠,并避免有大的接触电阻而造成压降和过热。CW78×× 系列和 CW79×× 系列稳压器的基本接线方法分别如图 18-5(a)、(b)所示。其中 C1 约 0.33 μF,C2 约 0.1 μF。CW117 和 CW137 的基本接线方法分别如图 18-6(a)、(b)所示。图中 R,RP 通常称为采样电阻,调节 RP 即可在允许范围内调节输出电压的值。其输出电压为

$$U_0 \approx 1.25\left(1 + \frac{R_P}{R}\right)$$

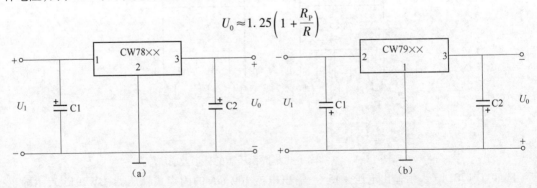

图 18-5 CW78×× 系列和 CW79×× 系列集成稳压器的基本接线方法

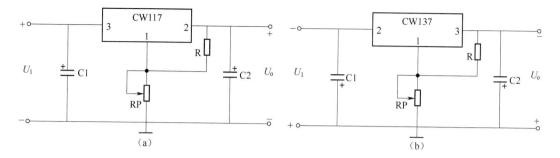

图 18-6　CW117 和 CW137 的基本接线方法

模块五　安装与调试电子电路

参 考 文 献

[1] 机械科学研究总院中机生产力促进中心,国电华北电力设计院工程有限公司. GB/T 4728. 7—2008 电气简图用图形符号 第 7 部分:开关、控制和保护器件[S]. 北京:中国标准出版社,2009.

[2] 人力资源和社会保障部教材办公室. 电力拖动控制线路与技能训练[M]. 5 版. 北京:中国劳动社会保障出版社,2014.

[3] 金国砥. 维修电工与实训[M]. 北京:人民邮电出版社,2006.

[4] 彭金华. 电气控制技术基础与实训[M]. 北京:科学出版社,2009.

[5] 李乃夫. 电气控制线路与技能训练[M]. 北京:高等教育出版社,2008.

[6] 赵承荻,王新初. 维修电工实习与考级[M]. 北京:高等教育出版社,2005.

[7] 曾祥富. 电工技术基础与技能[M]. 北京:科学出版社,2010.

[8] 何志平,刘永军. 电工电子技术与应用[M]. 南京:江苏教育出版社,2009.

[9] 中华人民共和国教育部. 中等职业学校专业教学标准(试行)加工制造类(第一辑). 北京:高等教育出版社,2014.